LOTTE MÖLLER

Wie Bienen und Menschen zueinanderfanden

LOTTE MÖLLER

Wie Bienen und Menschen zueinanderfanden

Ein Streifzug
durch Jahrhunderte und Jahreszeiten

*Aus dem Schwedischen
von Thorsten Alms*

btb

Die schwedische Originalausgabe erschien 2019
unter dem Titel »Bin och människor. Om bin och biskötare i religion,
revolution och evolution samt många andra bisaker«
bei Norstedts, Stockholm.

Dieses Buch ist auch als E-Book erhältlich.

Verlagsgruppe Random House FSC® N001967

1. Auflage
Copyright © der Originalausgabe 2019 by Lotte Möller
Copyright © der deutschsprachigen Ausgabe 2019 by btb Verlag
in der Verlagsgruppe Random House GmbH,
Neumarkter Str. 28, 81673 München
Covergestaltung: semper smile, München,
nach einem Entwurf von Norstedts
Covermotiv: Science Source/New York Public Library,
Tacuinum Sanitatis, Beekeeping, 11th Century;
Shutterstock/Hein Nouwens
Satz: Uhl + Massopust, Aalen
Druck und Einband: Mohn Media GmbH, Gütersloh
Printed in Germany
ISBN 978-3-442-75870-8

www.btb-verlag.de
www.facebook.com/btbverlag

INHALT

ERSTER TEIL

ZWEITER TEIL

Bienen zu hüten ist,

wie Sonnenstrahlen zu lenken.

Henry David Thoreau (1817-1862)

C. trouxero a colmea ᷉ a poscro sobclo altar ᷉ diſſero miſſa.

DAS WUNDER MIT DER OBLATE IM BIENENSTOCK

In den meisten älteren Kulturen ist die Biene mit der Religion und der Göttlichkeit in Verbindung gebracht worden. Im mittelalterlichen Katholizismus war sie ein Symbol für die Jungfräulichkeit. Man glaubte, die Bienen würden jungfräulich geboren, und viele erbauliche Legenden brachten sie mit der heiligen Jungfrau Maria in Verbindung. In einer dieser Legenden schluckte eine Bauersfrau die Oblate, die der Priester ihr während des Abendmahls gegeben hatte, nicht herunter, sondern versteckte sie unter der Zunge, nahm sie mit nach Hause und legte sie in einen Bienenstock in der Hoffnung, mehr Bienen und damit auch mehr Honig und mehr Wachs zu bekommen. Als aber ihr Mann und sie den Bienenstock später öffneten, stellte sich heraus, dass die Oblate sich wundersamerweise in Maria mit dem Jesuskind verwandelt hatte.

VORWORT

DIE MEISTEN VON UNS WISSEN, dass es den
Bienen schlecht geht und dass die Bedrohung
ihrer Art auch für unser Schicksal ernste Folgen
haben kann. Aber wie war es früher? Dieses Buch
handelt davon, was Menschen im Wandel der Zeiten über die
Bienen gedacht haben und wie sie mit ihnen umgegangen sind
sowie von vielen anderen Dingen. Zum Beispiel von Nachbar-
schaftsstreitigkeiten, in die auch Bienen verwickelt waren.

Das Gerüst des ersten Teils besteht aus Monatstexten, die
ich in den Achtzigerjahren geschrieben habe, als ich selbst Bienen hielt. Jetzt bilden sie die Ausgangspunkte für Ausflüge in
Kulturgeschichte und Literatur, Vergangenheit und Gegenwart. Im zweiten Teil des Buchs beleuchte ich die zeitgenössi-
sche Imkerei aus unterschiedlichen Perspektiven. Das Bienensterben ist ein großes Problem, aber längst nicht das einzige,
mit dem Imker zu ringen haben.

Im Schwedischen sind die Begriffe *biskötare* (Bienenhüter)
und *biodlare* (Bienenhalter) im Gebrauch. Den moderneren
Begriff *biodlare* mag ich nicht, denn er suggeriert eine Über-
macht des Menschen. Bienen kann man allerdings nicht zäh-
men. Sie folgen ihren Instinkten, nicht unseren Wünschen. Dagegen gefällt mir das respektvolle, altertümliche Wort *biskötare*.
In der schwedischen Ausgabe dieses Buchs verwende ich beide
Begriffe, da das moderne *biodlare* kaum zu vermeiden ist. Wie

viel einfacher ist es doch hier in der deutschen Ausgabe, in der wir das Wort *Imker* verwenden können! Es schließt alles ein, was wir mit Bienen tun können: sie hüten, sie vermehren, sie züchten und sie halten, weil sie als Bestäuber und Honigproduzenten so nützlich sind. Oder aus purem Vergnügen.

Dabei interessiert die Frage, wie man diejenigen nennt, die sich mit Bienen beschäftigen, eigentlich nur Sprachwissenschaftler und nerdige Autoren. Für die Bienen ist sie ohne jede Bedeutung. Den deutschen Bienen geht es noch schlechter als den schwedischen, auch wenn sie Imker haben. Was uns jedoch alle angeht, ist unsere Sicht auf die Bienen. Sind sie manipulierbare Produktionseinheiten oder ein Wunderwerk der Schöpfung? Die Antwort auf diese Frage kann entscheiden, wie die Zukunft der Bienen aussieht und auch unsere eigene.

1949 konnte man sich noch biskötare *(Bienenhüter) nennen, aber als der Schwedische Reichsimkerbund immer größer wurde, setzte sich* biodlare *(Bienenhalter) zunehmend als gängige Bezeichnung durch.*

Samuel Linnæus
– der småländische Bienenkönig

Ihren lateinischen Namen *Apis mellifera*, der so viel bedeutet wie »die Honig tragende Biene«, bekam die Biene von Carl von Linné. Sein elf Jahre jüngerer Bruder Samuel wies darauf hin, dass die Biene keinen fertigen Honig nach Hause trug, sondern Nektar, der anschließend weiterverarbeitet wurde. Daher sollte ihr Name *Apis mellifica*, »die Honig machende Biene«, lauten, doch aufgrund der Nomenklaturregeln war diese Korrektur nicht mehr möglich.

Samuel Linnæus wurde 1718 in Stenbrohult geboren. Nach dem Tod des Vaters übernahm er dessen Pfarrstelle, wurde nach einer Weile zum Propst ernannt und war ein Pionier der schwedischen Imkerei. Als sein Buch *Kort men Tillförlitelig Bij-Skjötsel på egen förfarenhet och anställte försök, efter bijens egenteliga natur och egenskaper, grundad och inrättad* (Kurze, aber zuverlässige Bienen-Pflege anhand eigener Erfahrung und durchgeführter Versuche, begründet und eingerichtet nach der eigentlichen Natur der Bienen) im Jahr 1768 erschien, hatte er die Bienen dreißig Jahre lang studiert. Das Buch fand großen Widerhall und ist nach wie vor lesenswert.

In der ägyptischen Mythologie entstanden die Bienen aus den Tränen des Sonnengottes Ra, die in den Wüstensand gefallen waren. Folgt man den griechischen und römischen Autoritäten, darunter Vergil, entstanden sie im Körper verwesender Stiere. Dieser Glaube wurde Bugonie genannt und hat sich bis weit über das Mittelalter hinaus gehalten. Erst im 18. Jahrhundert erkannte man, dass die Bienenkönigin sich paarte und anschließend Eier zu legen begann.

EINLEITUNG

Der Sinn der Bienen sind die Bienen.
Wie das Leben. Dessen Sinn ist das Leben.

aus *Bi-dur* von Carl Magnus von Seth

DER RÖMER PLINIUS MEINTE, die Honigbienen seien die einzigen Insekten, die für den Menschen geschaffen worden seien, eine Ansicht, die lange Bestand hatte und auf die man gelegentlich heute noch stößt. Die Bienen gäben uns nicht nur Honig und Wachs, darüber hinaus seien sie ein Vorbild, was Fleiß, Selbstlosigkeit und effektiven Staatenbau betreffe. »Die beflügelten Äolsharfen können uns in müßigen Stunden eine vergnügliche Gesellschaft sein, führen sie uns doch zu edler Gemütsstimmung und nützlichen Betrachtungen«, schrieb der Propst Fredrik Thorelius Mitte des 19. Jahrhunderts ganz im Geiste seiner Zeit. Ebenso typisch, allerdings für eine spätere Epoche, sind die Ausführungen des Schriftstellers Jørgen Steen Nielsen aus dem Jahr 2016:

» Wir bilden uns ein, dass wir die intelligentesten Wesen seien. Aber Intelligenz besteht aus vielen verschiedenen Faktoren, unter anderem der Fähigkeit, das Überleben und die Stabilität einer Gesellschaft zu sichern, indem man zuhört, zusammenarbeitet und das gemeinsame Wohl in den Mittelpunkt stellt. Wenn wir nicht in der Lage sind, in dieser Hinsicht von den Bienen zu lernen, die darin so viel mehr Erfahrung haben, verlieren wir zuerst die Bienen und dann uns selbst. «

Die Imkerei war früher ein natürlicher Teil der Selbstversorgung auf dem Land. Karl-Bertil und Anna Lovisa Johansson in Södra Vi bedeckten traditionsgemäß ihre Stroh-Bienenkörbe mit Hauben aus Kiefernrinde, um sie vor Regen und Unwetter zu schützen.

Die Bienen sind ebenso wenig für den Menschen erschaffen worden wie alles andere in der Natur. Allerdings haben wir uns von ihnen abhängig gemacht. Ohne ihre Produkte kommen wir notfalls aus, aber der Großteil unserer Nahrung wird aus Feldfrüchten hergestellt, die von Insekten bestäubt werden, unter anderem von Honigbienen. Trotzdem haben wir es geschafft, sie an den Rand des Aussterbens zu bringen. Wie ist es dazu gekommen?

Früher war der Landbau vielfältig und die Natur artenreich, und wohnte man auf dem Land, gehörte die Imkerei schlicht zum Alltag. Aber je mehr Heideflächen, Weiden, Ansammlungen von Preiselbeersträuchern und Siedlungen durch Fichtenplantagen ersetzt wurden, je mehr blütenreiche Wiesen unter den Pflug genommen wurden oder verbuschten, desto weiter gingen auch reiche Nektar- und Pollenquellen zurück. Das Land wurde entvölkert, die Zahl der Imker sank.

Die derzeit gängigen Monokulturen, insbesondere der Rapsanbau, geben während weniger Wochen jede Menge Nektar und Pollen, aber nichts, wovon die Bienen den Rest des Sommers leben könnten. Die chemischen Bekämpfungsmittel, die in der Landwirtschaft eingesetzt werden, erledigen nicht nur Unkraut, Pilze und Schadinsekten, sondern auch Bienen, Hummeln, Schmetterlinge und andere Kriechtiere und damit auch die Vögel, die sich von Insekten ernähren. Der Drang nach Rentabilität hat für großes Unheil gesorgt – für uns selbst wie für vieles andere, nicht zuletzt die Bienen.

Aber es regt sich Widerstand. Das Bewusstsein für die Verwundbarkeit der Bienen – und unsere eigene – ist gewachsen, unter anderem dank Maja Lundes *Die Geschichte der Bienen*. Das Imkerwesen hat sich in den letzten Jahren radikal verändert. Frauen, Jugendliche, Akademiker, Einwanderer – sie alle beschaffen sich Bienen in einem Umfang, der vor dreißig, vierzig Jahren, als die Imkerei alles andere als populär war, undenkbar schien. Imkerei-Anfängerkurse sind ausgebucht. Die immer beliebter werdende Stadtimkerei löst zwar das Bestäubungsproblem der Landwirtschaft und des Obstbaus nicht, erzeugt aber Interesse und Wissen. Auch haben sich Alternativen zu den gängigen Formen der Bienenhaltung entwickelt, die nicht die Honigerzeugung in den Vordergrund stellen, sondern das Überleben und Wohlergehen der Bienen. Es ist auf eine ganz neue Weise wichtig und spannend geworden, sich mit Bienen zu beschäftigen.

Dass ich in den Achtzigerjahren zur Imkerin wurde, lag allerdings weder am Honig noch an der Bestäubungsarbeit oder der Erhaltung der Bienen. Die Bienen kamen einfach zu mir. Es begann damit, dass ich als freie Radioredakteurin einen Beitrag liefern sollte, der zum Mittsommer passte. Also warum nicht etwas über Imker machen? Meine Freundin Annicka Lundquist hatte sich im Jahr zuvor für ihr Sommerhaus in Småland Bienen zugelegt und war damit die erste Imkerin in meinem Bekanntenkreis. Damals galt die Imkerei als pittoreskes Hobby, dem sich ältere Herren auf dem Land und in Kleinstädten widmeten – pensionierte Lehrer, Genossenschaftsvorsitzende, Bauern und Bahnhofsvorsteher. Imkerinnen schienen so selten wie Feuerwehrfrauen. Meine Vorstellung war, die Pionierin Annicka sowie einige Imker der traditionellen Schule zu interviewen und im Hintergrund ein bisschen Gesumm einzublenden.

Jemand gab mir den Tipp, mich an John Larsson in Klagshamn zu wenden. Jedes Mal, wenn die Polizei in Malmö alarmiert wurde, weil sich ein Bienenschwarm auf einem Balkon oder einem anderen ungeeigneten Platz niedergelassen hatte, rief der Wachhabende ihn an, und er rückte aus und kümmerte sich darum. Ich bekam John Larssons Telefonnummer, und er versprach, mich anzurufen, wenn es wieder einmal so weit war.

Das erste Mal begegnet sind wir einander auf dem Parkplatz vor dem Einkaufszentrum Mobilia. Er stand mit aufgekrempelten Hemdsärmeln und einer Baskenmütze auf dem kahlen Schädel im gleißenden Sonnenlicht und bugsierte, unterstützt von seiner Frau Inga, einen Bienenschwarm von einer Parkuhr in einen Strohkorb, und dabei erzählte er eine fantastische Geschichte nach der anderen, über Schwärme, die sie in Schornsteinen, auf Bootsmasten und in Fahnenstangen gefangen hatten. Um die beiden herum, allerdings in gebührendem Abstand, hatten sich Schaulustige versammelt.

»Stechen sie nicht?«, fragte einer der Hinzugekommenen.

»Nein«, sagte John, »Bienen und Polizisten sind die nettesten Wesen, die es gibt – solange man sie nicht reizt.«

Auf seinen Armen, am Hals, im Gesicht und sogar in den Ohren wimmelte es von Bienen, aber das schien ihm nichts auszumachen. Am wichtigsten, sagte er, sei es, die Königin in den Korb zu bekommen. Dann kämen alle anderen schnell nach.

John Larsson war nicht nur ein Könner, was das Einfangen von Bienenschwärmen betraf. Er war auch ein großartiger Entertainer.

»Woran erkennen Sie sie?«, fragte ein keckes kleines Mädchen.

»An der Krone«, antwortete er, woraufhin Inga ihn am Ohr zog.

»Man darf doch keine Kinder an der Nase herumführen! Nein, eine Königin erkennt man an ihrem langen Hinterleib.«

Was für eine Show. Das Tonbandgerät lief, und soweit ich mich erinnere, wurde das Ganze ein gelungener Radiobeitrag, nicht zuletzt dank des Ehepaars Larsson.

Auch der Schriftsteller Lars Norén hat dazu beigetragen, mich zur Imkerin zu machen, nämlich mit seinem Roman *Die Bienenväter*. Der handelt zwar nicht von Bienen, sondern vom Leben in Stockholms Unterwelt, aber irgendwie bekam ich es unter einen Hut. Und mein Kontakt zu John und Inga blieb erhalten, nachdem der Beitrag gesendet worden war. Zu Lars Norén allerdings nicht, falls das jemanden interessiert.

An einem Junimorgen im Jahr darauf rief John mich an und sagte, dass ich einen Bienenkorb abholen könne, den er für mich gebaut habe.

»Bienen sind auch drin.«

Hilfe! Es waren schließlich die Imker und nicht die Bienen, die mich interessiert hatten, als ich den Beitrag zusammenstellte. Ihre Fachausdrücke – *Zargen, Bruträume, Weiselkäfige, Nachschwärme, Fluglöcher* – waren so schön und magisch, und sie hatten eine so wunderbare Art, über ihre summenden Freunde zu sprechen. Ich erklärte, dass ich das Geschenk unmöglich annehmen könne und dass ich im Grunde Angst vor Bienen hätte. Aber John lachte nur und meinte, dass ich ganz bestimmt von den Bienen gestochen würde, wenn der Bienenstock erst einmal in meinem Garten installiert sei. Inga und er würden mir zeigen, wie man sich um die Bienen kümmere, und wenn es Probleme gebe, brauche ich sie nur anzurufen.

Ich hatte keine Wahl. Ich fuhr nach Klagshamn und holte den Bienenstock mit seinen Zehntausenden Bewohnern, und später im selben Sommer bekam ich noch einen zweiten dazu, ebenfalls mit Bienen. Ein ganz neues Kapitel in meinem Leben nahm seinen Anfang, und obwohl ich manchmal Angst hatte, bin ich John auf ewig dankbar. Was ich alles gelernt habe! Wie man mit einem Smoker umgeht, wie man die Zellen von Königinnen, Drohnen und Arbeiterinnen unterscheiden kann, woran man merkt, dass ein Volk kurz vor dem Ausschwärmen steht, wie man die Waben entdeckelt, wie man den Honig schleudert, wie man Mittelwände montiert und einwintert.

Ich durfte auch lernen, wie Blumen und Bienen miteinander leben, und begann meinen Garten und die Umgebung mit anderen Augen zu sehen: mit dem Pollen- und dem Nektarblick. Ahorn: gut. Linde und Robinie: sehr gut. Himbeeren und Johannisbeeren: gut. Weiden und Haselbüsche: gut. Salweiden, Thymian und Lavendel: super. Perfekte Rasenflächen: wertlos, aber eine Wiese mit viel Klee und anderen sogenannten Unkräutern ist eine ganz andere Sache. John hatte recht. Meine Bienosphäre (tut mir leid, aber das musste jetzt sein) wurde erweitert, und sich aus nächster Nähe mit den Bienen zu beschäftigen wurde zu einer spannenden, wenn auch kribbeligen Erfahrung.

»Du musst sie auf dir herumkrabbeln lassen, damit sie deinen Geruch kennenlernen, dann stechen sie nur, wenn sie stecken bleiben«, ermahnte mich John.

Das wagte ich natürlich nicht. Meine Schutzausrüstung in dem Frühsommer bestand aus einem alten Bademantel, einem Imkerhut mit Schleier und Gummihandschuhen. Später besorgte ich mir einen weißen Overall, der etwas professioneller aussah.

Aber auch andere Bieneninteressierte kennenzulernen verlieh meinem Leben neue Dimensionen. Sie wissen ja, wie das ist. Hat man sich einen steifen Nacken oder einen Fersen-

Meine kleine Imkerei mit den Bienenkästen, die John Larsson gebaut hat.

sporn zugezogen, ist die Welt plötzlich voller Leidensgenossen. Sobald das erste Enkelkind da ist, wimmelt es plötzlich um einen herum von frischgebackenen Großeltern. In meinem Fall gab es mit einem Mal überall Imker, oder zumindest Kinder oder Frauen oder Bekannte von Imkern. Gespräche, ganz gleich, ob mit Bekannten oder Fremden, landeten unweigerlich irgendwann bei Bienen oder Honig.

Ich stellte fest, dass sich die Imker – ähnlich den Bienen, die sich in Völkern organisieren – in Vereinen zusammenschließen. Ich selbst trat der *Södra Sveriges Biodlares Förening* (SSBF, Südschwedischer Imkerverein) bei, aus dem einfachen Grund, weil auch Larsson dort Mitglied war. Der Verein war eine Abspaltung des mächtigen *Sveriges Biodlares Riksförbund* (SBR, Schwedischer Reichsimkerbund), gegründet aus Protest gegen die Forderung des SBR, dass der gesamte Honig aller Mitglieder im Land zu einer zentralen Abfüllstation in Mantorp, Östergötland, geschickt und dort zu einem einheitlichen schwedischen Normalhonig verrührt werden sollte. Der dunkle, kräftige Heidehonig, der weiße, feste Rapshonig, der an Pfefferminze erinnernde Lindenhonig, der cremige Himbeerhonig und der öländische Thymianhonig sollten also ihre Eigenarten nicht behalten dürfen, sondern in ein anonymes Standardprodukt verwandelt werden. Das war ungefähr genauso pfiffig, als wollte man sämtliche Weine Frankreichs – von Bordeaux bis zur Bourgogne, von der Loire bis zur Rhône – zu einem standardisierten Vin Français verschneiden.

Die Begründung des SBR lautete, dass es die Kunden verwirren könne, wenn Honige unterschiedlich aussähen und schmeckten. Der SSBF hielt dagegen, dass es ja gerade einer der Vorzüge des Honigs sei, dass er unterschiedlich schmecken und aussehen könne, je nachdem, wo die Bienen ihren Nektar geholt hätten. Außerdem sollte der gesamte Honigverkauf über den Reichsimkerbund laufen, was der SSBF als schweren Ein-

§ 12.

Ordföranden betonade att föreningen skall vara klar och redo att träda i verksamhet i god tid till nästa honungssäsong, om inte dessförinnan Sveriges Biodlares Riksförbund genom ändring av sin nu intagna ståndpunkt, erkänner sina medlemmars rätt att själva sälja sin producerade honung och själva uppbära likviden därför.

Aus dem Protokoll der Gründungsversammlung des Südschwedischen Imkervereins im November 1955. Es wurde gefordert, dass der Schwedische Reichsimkerbund seinen Mitgliedern das Recht geben solle, ihren Honig selbst zu verkaufen und das Geld zu behalten.

griff in die persönliche Freiheit betrachtete. So standen Bürokraten gegen Individualisten.[1]

Als ich Mitglied wurde, hatte der SBR in der Frage des Sortenhonigs allerdings schon ein gutes Stück nachgegeben, und der SSBF hatte seine besten Tage hinter sich. Ein paar der alten Mitglieder hatten den Verein, nachdem die Felder um ihre Bienenstöcke herum besprüht worden und ihre Bienen eingegangen waren, verlassen. Es kamen nur wenige Neue hinzu, und bei jeder Jahreshauptversammlung stieg die Anzahl der Schweigeminuten für verstorbene Mitglieder. Am Ende starb der ganze Verein, weil nicht mehr genug Mitglieder auftauchten, um die Beschlussfähigkeit der Versammlung zu gewährleisten.

Unter den Verstorbenen war auch John Larsson. Es war sehr traurig, und nicht nur seine Familie und seine zahlreichen Freunde schienen um ihn zu trauern, sondern auch meine Bienen. Es war eine alte Sitte, es den Bienen zu erzählen, wenn ihr Imker gestorben war – ansonsten würden sie widerspenstig, hieß es, oder gar selbst sterben. Ich hätte meinen Bienen sagen sollen, dass John fort war. Sie waren seine Besuche gewohnt, und tatsächlich wirkten sie unruhiger und reizbarer. Wenn ich den Rasen mähte, drehten sie durch, und an ihren Honig zu kommen war die reinste Qual.

Nach zehn Jahren gab ich die Bienen weg. Ich begann, wöchentlich zwischen Lund und Stockholm zu pendeln, und das war mit der Verantwortung für die Bienen nicht zu vereinbaren. In gewisser Weise war es der richtige Augenblick. Die widerliche Varroamilbe, *Varroa destructor*, die bei befallenen Bienen zu verkrüppelten Flügeln und Hinterleibern führt und damit ein ganzes Volk ausrotten kann, war noch nicht in Schweden angekommen, aber bereits mit voller Fahrt auf dem Weg hierher. Um diese Geißel musste ich mir keine Sorgen mehr machen, zumindest nicht für den eigenen Bestand. Es war schön, wieder ohne Bienen zu leben. Zumindest für eine Weile.

Irgendwann begann mir im Garten etwas zu fehlen, und ich war froh, als Rolf und Margrethe Jönsson vom Blumenladen gegenüber mich fragten, ob sie zwei Bienenstöcke bei mir aufstellen dürften, weil ihr Stand bereits voll sei. Jetzt konnte ich die Bienen beobachten, ohne die Verantwortung für sie zu tragen! Aber nach ein paar Jahren starben beide Völker, und es war vorbei mit dieser Freude. Erneut vermisste ich das Summen um die Bienenstöcke, die leuchtenden Pollenkörbchen, die die Bienen nach Hause brachten, die Freude, wenn sie am ersten Frühlingstag aus dem Flugloch kamen. Sollte ich vielleicht doch wieder mit eigenen beginnen? Es gibt eine neue Art von Beute, die *Top-bar hive* oder Oberträgerbeute, die jetzt, da ich nicht mehr so schwer heben kann, gut zu mir passen würde. Aber nein. Das würde nicht funktionieren. Der Verkehr vor meinem Grundstück hat in den vergangenen Jahren erheblich zugenommen, und wenn schwere Fahrzeuge vorbeifahren, vibriert der Boden. Das mögen Bienen nicht. Vielleicht sind Jönssons Bienen ja deswegen eingegangen.

Stattdessen begann ich mich in die Geschichte und Kulturgeschichte der Bienenhaltung einzulesen, was sich als mindestens ebenso spannend erwiesen hat wie die Imkerei selbst, wenn natürlich auch auf andere Weise. Und was es alles gab! Schon die alten Griechen und Römer hatten über Bienen geschrieben. Die heilige Birgitta, Olaus Magnus und Carl von Linnés kleiner Bruder Samuel haben es getan, ebenso Voltaire, Réaumur, Shakespeare und Selma Lagerlöf. Und viele dieser alten Texte, nicht zuletzt die Handbücher, sind mit so viel Gefühl, Staunen und in so bildreicher Sprache verfasst, dass sie sich lesen wie reine Poesie.

»Der Weisel (=Bienenkönigin) ist eine schöne und stattliche Creatur.«

Allein eine solche Formulierung kann einem den ganzen Tag versüßen! Man findet sie in dem Grädigen Traktat über Bienen von Mårten Triewald (1691–1747), einem der Gründer der Königlich Schwedischen Akademie der Wissenschaften, der die Dampfmaschine in Schweden eingeführt hat und ein großer Bienenkenner war.

Obwohl ich nur einen Bruchteil all dessen gelesen habe, was über Bienen geschrieben worden ist, kam ich mir nach einer Weile selbst wie eine Arbeitsbiene vor, deren Magen prall gefüllt ist. Sie fliegt nach Hause in den Stock, damit das Resultat ihres Sammeleifers zu Honig umgewandelt werden kann – ich habe mich an den Computer gesetzt, um dieses Buch zu schreiben.

ANMERKUNGEN

1. Mittlerweile nimmt der Schwedische Reichsimkerbund eine andere Haltung zum Sortenhonig ein. Man verteidigt die Vielfalt und lässt sogar Sterneköche Gerichte mit Honig kochen. Die Abfüllstation in Mantorp ist längst verkauft.

ERSTER
TEIL

Mittelalterliche Bienenfeinde. Manche davon sind immer noch eine Bedrohung, die Kröten allerdings kaum. Vielleicht weil sie selbst so selten geworden sind. Aus Konrad von Megenbergs Buch der Natur *von 1481.*

JANUAR

Eine Wintererinnerung

gefolgt von

einer Beschreibung der Feinde der Bienen damals und heute

ES SCHNEIT, und ich frage mich, wie es meinen Bienen in ihren Stöcken geht. Ist noch etwas von ihrem Winterfutter übrig? Können sie die Wärme halten? Man hat immer ein bisschen Angst. Und so ist es jedes Jahr. Der Winter ist entweder zu lang oder zu kurz. Zu mild oder zu kalt. Hört man Imkern zu, die schon lange dabei sind, gibt es an jedem Winter etwas auszusetzen. Ebenso wenig scheint es einen guten Frühling oder guten Sommer zu geben. Die sind entweder zu warm und zu trocken oder zu feucht und zu kühl.

Aber vielleicht ist das ja der Witz an der Hobbyimkerei: dass man sich immer wegen irgendetwas Sorgen machen muss, wenn auch nicht zu sehr? Das hält die wirklichen Probleme auf Abstand. Wie steht schon im *Stora biboken* (Das große Bienenbuch)? »Hat man Sorgen, Beschwernisse und andere Verdrieß-

lichkeiten, dann vergisst man sie schnell, wenn der Bienenstand und dessen Pflege die volle Aufmerksamkeit verlangen.«
Birgitta Stenberg ist auf derselben Spur. »Manchmal, wenn die
großen Ungerechtigkeiten der Welt aus dem Fernsehen und
dem Radio auf mich zustürzten, halfen mir die Bienenvölker.
Ich linderte meine Qual, indem ich zu den Stöcken mit ihren
Bienenreichen hinausging.«

BIRGITTA STENBERG (1932-2014)
ist vor allem bekannt für ihre gewagten autobiografischen Bücher. Aber sie hielt gemeinsam mit ihrem Mann Håkon auf der
Insel Åstol auch Bienen und schrieb darüber ein höchst persönliches und zugleich lehrreiches Buch, *Allt möjligt om bin*
(Alles Mögliche über Bienen), das mit ihren eigenen Zeichnun-
gen illustriert ist.

Aber noch ist es zu früh im Jahr, um die Bienenstöcke zu öffnen. Es wäre eine Katastrophe für die Bienen, die sich zu einer
rotierenden Traube versammelt haben, um die Wärme zu halten. Wenn sie in Unruhe versetzt werden, können sie Durchfall
bekommen. Es gilt also, die eigene Angst auf andere Weise zu
kanalisieren.

Zum Beispiel kann man Kohlmeisen füttern. Diese ansonsten so entzückenden Vögel können nämlich großes Unheil anrichten, wenn sie hungrig sind. Finden sie einen Bienenstock,
setzen sie sich vor das Flugloch und pochen dagegen, bis ein
paar schlaftrunkene Wächterbienen herauskommen, um zu
sehen, was los ist. Zack, werden sie gefressen! Und so geht es
immer weiter, tock, tock, mampf, mampf. Auf diese Weise kann
sich die Traube auflösen, und das ganze Volk kann an Durchfall und Wärmeverlust zugrunde gehen.

Also gilt es, die Vögel mit Hilfe von Körnern und Meisenknödeln satt zu halten – sofern das denn reicht. Vielleicht finden sie die Bienen auch so lecker, dass sie nicht widerstehen können, egal, wie üppig man sie gefüttert hat.

Die Natur ist manchmal seltsam und vor allem vollkommen unsentimental.

Wie überlistet man eine listige Kohlmeise?

Kohlmeisen gehören nicht zu den großen Problemen der heutigen Imker. Vielleicht waren sie früher zahlreicher? In älteren Bienenhandbüchern gibt es viele Beschreibungen ihrer rücksichtslosen Vorgehensweise und Ratschläge, wie sie am besten aufzuhalten seien. Aber nur ein Autor, der unglaublich gelehrte Däne Esaias Fleischer aus dem 18. Jahrhundert, erwähnt die Fütterung. Ein Kasten mit ein wenig Fleisch oder Talg neben den Bienenstöcken locke »diese gierigen und frechen Vögel« mit Leichtigkeit zu sich, schreibt er. Das nächste Problem sei allerdings, sie wieder loszuwerden. In der Nähe der Bienenstöcke zu schießen empfehle sich nicht, bemerkt Fleischer.

Die Kohlmeise, süß, aber hinterhältig. Zumindest aus Sicht einer Biene.

Kohlmeisen erschießen! Aber Fleischer hatte auch einen menschlicheren Vorschlag: Wenn man einen Stofffetzen in Scharlachrot oder einem anderen kräftigen Rotton über dem Flugloch befestigt, wagt sich keine Kohlmeise dorthin. Und hier noch ein weiterer dänischer Ratschlag:

>> Kohlmeisen sind bei den Bienen verhasst. Sie setzen sich vor die Öffnungen der Bienenkörbe und picken mit dem Schnabel. Sofort eilen einige Bienen dorthin, worauf die Kohlmeisen eine nach der anderen schnappen. Dann fliegen sie zum nächsten Korb und verzehren die Bienen dort. Angewöhnt haben sich die kleinen Vögel diese Unsitte, indem sie die toten Bienen aufpickten, die von den lebenden hinaus-

geworfen worden waren. Deshalb ist es ratsam, unter den Bienenstöcken stets alles gründlich sauber zu halten. **«**

Aus *En nyttig bog om bier* (Ein nützliches Buch über die Bienen)

von Hans Herwigk, 1649

In Selma Lagerlöfs *Saga von Gösta Berling* findet sich eine wunderbare Beschreibung über das Unwesen, das die Kohlmeisen
im Herbst und Winter trieben. Offenbar wusste sie sehr viel
über Bienen.

» Drüben, am Einflugloch des Bienenkorbs, saß eine Kohlmeise und
schickte sich an, zu einer wahrhaft teuflischen List zu greifen. Sie
wollte sich natürlich ein Mittagessen beschaffen und klopfte deshalb
plötzlich mit ihrem kleinen, scharfen Schnabel gegen das Einflugloch. Im Inneren des Bienenkorbs aber hingen die Bienen in einer
großen, dunklen Traube. Alles ist strengstens geordnet, die Proviant-
meister teilen Essensrationen aus, die Mundschenke eilen mit Nektar
und Ambrosia von Mund zu Mund. Die Bienen, die zuinnerst hängen, tauschen unter ständigem Krabbeln den Platz mit den äußeren,
damit Wärme und Bequemlichkeit gleichmäßig verteilt werden.

Dann aber hören sie das Klopfen der Kohlmeise und der ganze
Bienenkorb surrt vor Neugier. Ist das ein Freund oder ein Feind? Ist
es eine Gefahr für das Volk? Die Königin hat ein schlechtes Gewissen.
Sie kann nicht seelenruhig abwarten. Sind es womöglich die Geister
ermordeter Drohnen, die da draußen spuken?

›Geh hinaus und sieh nach, was das ist!‹, befiehlt sie der Schwester
Torwache. Und sie geht. Mit einem ›Lang lebe die Königin!‹ stürzt
sie hinaus und hoppla!, da hat sie die Kohlmeise auch schon er-
wischt. Mit vorgerecktem Hals und eifrig vibrierenden Flügeln packt
der Vogel sie, zermalmt sie, frisst sie und niemand überbringt der
Königin die Nachricht von ihrem Schicksal. Die Kohlmeise aber
klopft von Neuem und die Bienenkönigin fährt fort, ihre Torwachen
hinauszuschicken, die allesamt verschwinden. Keine kehrt zurück,
um zu berichten, wer geklopft hat. Hu, es wird gruselig in dem dunk-

len Bienenkorb! Rachsüchtige Geister treiben da draußen ihr Unwesen. Hätte man doch bloß keine Ohren! Könnte man doch aufhören, so neugierig zu sein! Könnte man doch einfach in Ruhe abwarten! **«**

Kohlmeisen sind längst nicht die einzigen Tiere, vor denen die Imker in der älteren Literatur gewarnt werden. Man sollte sich auch vor Schwalben, Mauerseglern, Spechten, Enten, Truthähnen, Pfauen, Wespen, Hummeln, Grashüpfern, Ameisen, Libellen, Wachsmotten, Nachtfaltern, Totenkopfschwärmern, Spinnen und Raubbienen hüten. Wuchs hohes Gras unter den Bienenstöcken, konnten dort Frösche und Kröten sitzen, die die Bienen wahlweise mit ihrem Atem vergifteten oder mit der Zunge einfingen.

Unter den Säugetieren waren Bären und Mäuse als notorische Schädlinge bekannt, aber auch Dachse und Füchse konnten zum Ärgernis werden, wenn sie Körbe umstießen.

» Werden Bienen von Wespen angegriffen, lassen sie ein jammerndes Geräusch hören, als wollten sie ihrem Herrn ihre Not klagen. **«**

Samuel Linnæus

In der Zeit der Aufklärung, im 18. Jahrhundert, kam in der Literatur ein weiterer Bienenfeind hinzu, der noch weitaus schlimmer war als alle anderen: der Mensch. Im *Nya svenska economiska dictionnairen* (Neues schwedisches ökonomisches Wörterbuch) aus dem Jahr 1779 wird dargelegt, dass viele Imker »teils durch nachlässige Pflege (...), teils durch ein unbarmherziges Töten und Schlachten Zeugnis ihrer Undankbarkeit gegenüber dem nützlichsten aller Insekten ablegen.« Was mit dem »unbarmherzigen Töten und Schlachten« gemeint war, ist im *Lantmännens uppslagsbok* (Das Nachschlagewerk des Landwirts) von 1923 nachzulesen:

» Die *bislakt* (Bienenschlachtung) ist die barbarische Methode, nach der unsere Vorväter und einige Bienenhalter noch bis vor kurzer Zeit mit den Bienen verfahren sind. Wenn der Herbst kam, wurde ein Teil der Völker zum Tode verurteilt. Man hob eine Grube aus, legte Schwefel hinein und zündete ihn an, und schließlich wurde der Korb daraufgestellt. Sobald das Volk tot war, wurde der Korb wieder weggenommen und der Inhalt geerntet, verunreinigt mit Larven, Pollen, Bienen und den Exkrementen, die sie in ihrer Todesangst auf die Waben und in den Honig gelegt hatten. War der Korb darüber hinaus von außen und innen mit Kuhdung gespachtelt, dürfte dies den Appetit auch nicht erhöht haben. «

Eine weniger rücksichtsvolle Beschreibung, die Kindheitserinnerung eines älteren Mannes, wurde 1930 in Uppland aufgezeichnet:

» Wenn sie die Bienenstöcke aberntеten, wurde eine Grube gegraben, und in Schwefel getauchte Leintücher wurden an Stäben befestigt, die sie in die Grube steckten. Dann zündeten sie die Tücher an und stellten den Bienenkorb darauf, und alle Bienen wurden getötet. Danach wurden die Waben in dünne Leintücher gewickelt und an einen Stock gebunden, sodass der Honig in darunter aufgestellte Gefäße rann. Im Anschluss wurden die Waben mit Wasser besprizt und abgeseiht. Das Wachs wurde geschmolzen und gefiltert. Man braute herrlichen Honigtrank mit Hopfen. Das Wachs nutzten Schneider, um die Fäden zu wachsen, und es wurden Wachsstöcke (Kerzen) für den Weihnachtsbaum hergestellt. «

Das blieb so, bis sich Anfang des 20. Jahrhunderts die Wabenrähmchen durchsetzten, die in ganz Europa übliche Methode, an den Honig heranzukommen – trotz intensiver Verurteilung durch die Wissenschaft, trotz neuer Beutemodelle, die es möglich machten, Honig zu entnehmen, ohne die Bienen zu töten, eins davon konstruiert von Samuel Linnæus, trotz solcher Vereine wie

Der Honig wird durch Schwefeln geerntet, Ölgemälde vor. C. G. Bernhardson (1915–1998). Bernhardson lebte auf Skaftö und stellte in seinen zahlreichen Gemälden das Leben in Bohuslän um die Jahrhundertwende dar.

des englischen *Never Kill a Bee* und trotz des viel gelesenen Buches *Humanity to Honey Bees* von Thomas Nutt aus dem Jahr 1832.

Viele kreideten es dem ungebildeten Landvolk an, dass diese Grausamkeiten nicht aufhörten, aber selbst äußerst kenntnisreiche Imker schwefelten lieber ab, als den Honig zu entnehmen. Der im 18. Jahrhundert berühmte Bienenmeister vom Schloss Torup hatte beide Methoden ausprobiert und war zu dem Schluss gekommen, dass die Entnahme »ein Unfug« sei. Man bekomme gesündere Bienen, weniger Ungeziefer und wesentlich mehr Honig, wenn man die Bienen abschwefele, meinte er, obwohl man natürlich aufpassen müsse, dass man den Honig, das Wachs und die toten Bienen nicht zusammenrühre, sondern sorgfältig getrennt halte.

Auch gelehrte Herren verteidigten das Abschwefeln. Lars Laurel (1705–1793), Professor für theoretische Philosophie an

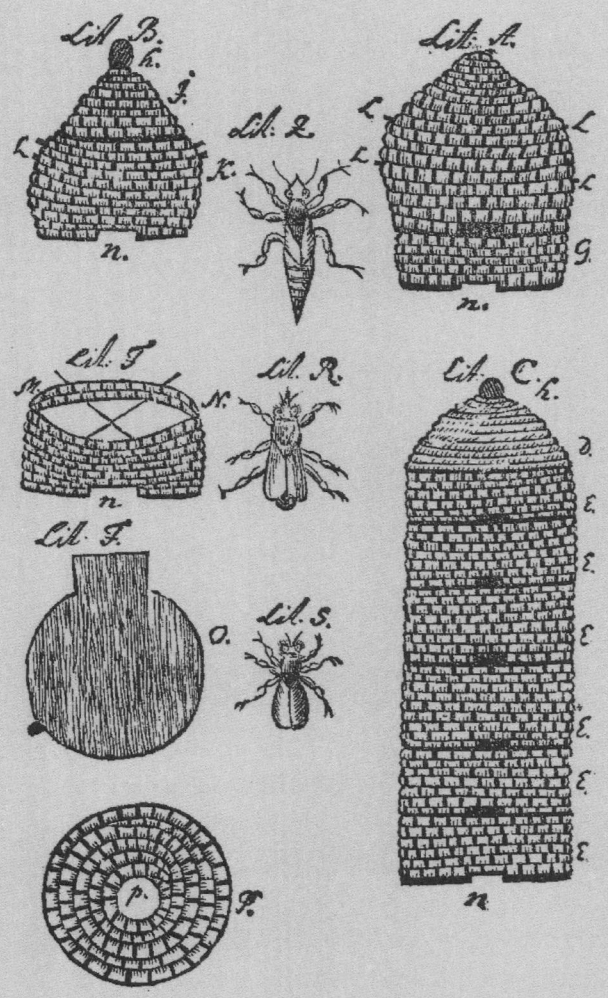

SAMUEL LINNÆUS' BIENENKORB

Er nannte ihn eine colonie. *Auf dem Bild sieht man unten rechts den fertig
gebauten Korb. Er war aus Stroh und Hasel geflochten und mit einem Brei aus
Kuhdung, Lehm und Wasser abgedichtet. Neue Stockwerke – Zargen – wurden
von unten her hinzugefügt, sobald die vorhandenen voll waren. Ein Vorgänger der
Warrébeute aus den 1950er-Jahren also (s. S. 199 f.). Bei diesem Korb musste man
die Bienen nicht töten, um an den Honig zu kommen, sondern einfach nur die
oberen Zargen, die allein Honig enthielten, abnehmen.*

der Universität Lund und Mitglied der Königlichen Akademie der Wissenschaften, behauptete, die Bienen vermehrten sich so schnell, dass nicht genug Nahrung für sie übrigbleibe. Deshalb sei es nötig, sie wegzuschlachten, wie man die überzähligen Kälber schlachtete, die auf einem Hof geboren wurden.

》 Einige Menschen sind allerdings so verweichlicht, dass sie es nicht übers Herz bringen, den Bien[1] zu töten. Es tut ihnen weh, als handelte es sich um vernünftige Kreaturen (...) Aber so wenig die Blume von ihrem Wachstum weiß, so wenig weiß die Biene von ihrem Tun und somit von ihrem Tod, sodass das Bienen-Töten einen nicht mehr berühren muss als das Schneiden von Gras im Herbst. 《

Wie es einem, nach Laurels Worten, verweichlichten Menschen ergeht, wenn er seine Bienen schlachtet, erzählt die englische Bauersfrau Anne Hughes in ihrem Tagebuch vom Ende des 18. Jahrhunderts:

》 Es tut mir weh, diese armen kleinen Wesen zu töten, was für eine Verschwendung von tüchtigen Bienen, die in einem großen Haufen auf dem Boden der Grube liegen, wenn der Korb hochgehoben wird, aber wir wollen schließlich den Honig haben, denn wir benötigen ihn in großen Mengen für alle möglichen Zwecke im Haushalt. 《

Nach wie vor ist der Mensch der schlimmste Feind der Biene, mittlerweile noch gefährlicher als zu der Zeit, da er sie mit Schwefel schlachtete. Damals verschwanden zumindest nicht ganze Bienenstände, aber seit man begonnen hat, Feldfrüchte mit Gift zu bespritzen, hat der Begriff »Massensterben« in die Imkerei Einzug gehalten.

»Ein riesiges Bienensterben, das inzwischen fast 300 Völker vernichtet hat, ist über die Insel Ekerö gekommen«, berichtete das *Aftonbladet* im Juni 1938. »Als Ursache wurde der Umstand ausgemacht, dass die Obstbauern in ihrem Unverstand

die Erdbeerfelder mit einem jüngst auf den Markt gekomme-
nen Präparat besprüht hatten, das gegen Erdbeerblütenstecher
und Erdflöhe helfen soll und Arsenpulver enthält.«

1945 wurde die Verwendung von Arsen auf Blütenpflanzen,
die von Bienen und Hummeln besucht werden, verboten. Im
selben Jahr kam das Insektengift DDT auf den Markt. Angepriesen wurde es als Wundermittel für Landwirtschaft und Haus-
wirtschaft gleichermaßen, aber es stellte sich heraus, dass es
verheerende Auswirkungen auf die gesamte Natur hatte, und
heute ist es in den meisten Ländern verboten. An seiner Stelle
kamen die Neonicotinoide, einer der Hauptgründe für das
derzeitige Massensterben der Bienen und anderer Bestäuber.
Unter anderem bewirken sie, dass Bienen, wenn sie nicht sterben, die Orientierung verlieren, nicht nach Hause finden oder
schwächer werden und deshalb leichter Krankheiten oder
Parasiten zum Opfer fallen. 2018 hat die EU endlich drei der
Neonicotinoide verboten. Das Pflanzenschutzmittel Glyphosat,
das unter anderem in Round-Up verwendet wird, steht ebenfalls unter Verdacht. Es sorgt dafür, dass Bienen ihr Navigati-
onsvermögen verlieren. Auch tragen sie das Gift in den Bienenstock hinein, was zur Folge hat, dass es in einem großen Teil
des Honigs, der verkauft wird, nachgewiesen werden kann.

Was die übrigen Bedrohungen betrifft, sieht es etwas freundlicher aus. Manche Tiere sind mittlerweile so selten geworden,
dass sie auf der Roten Liste stehen, die Gefährlichkeit anderer
Arten ist teilweise übertrieben worden. Aber dass Spechte sich
bei Bienen einhacken, um sich an deren Honig zu ergötzen, ist
keine Legende, und wenn die Bienenstöcke aus Styropor oder
einem anderen Kunststoff hergestellt sind, haben sie es noch
leichter als bei Holzkonstruktionen. Auf der anderen Seite sind
auch Spechte wesentlich seltener geworden, sodass es sich am
Ende ausgleicht.

Der Bärenbestand dagegen ist seit dem 19. Jahrhundert,
in dem er beinahe ausgerottet war, gewachsen. Heute leben

in Schweden bis zu dreitausend Bären. Das ist eine Freude für die Wildhüter, aber nicht für die Imker (und die Schäfer und Rentierbesitzer) in Nord- und Mittelschweden, die am meisten davon betroffen sind. Bekanntermaßen lieben Bären den Geschmack von Honig und können ganze Bienenstände zerstören. Auch in vielen anderen Ländern, darunter Finnland, Norwegen, Italien, Österreich, die Ukraine, Frankreich und die USA, haben die Imker Probleme mit Bären. Elektrozäune sind der beste Schutz, aber wenn der Appetit auf Honig groß ist, graben die Bären sich unter diesen Zäunen hindurch.

》Am Montag konnte die Bezirksregierung bestätigen, dass ein Bär einige Bienenstöcke in Hagby geplündert hat. Betrieben wird die betroffene Imkerei von Göran Sundström, der nach 25 Jahren als aktiver Imker erst gar nicht glauben konnte, dass die Schäden von einem Bären verursacht worden waren. ›Ich hatte keine Ahnung, dass es in der Gegend Bären gibt‹, sagt er. ›Deshalb habe ich meinen Augen nicht getraut. Vier der sechzehn Bienenstöcke auf meinem Stand waren angegriffen worden, und zwei der Völker konnte ich nicht mehr retten.‹ 《

Upsala Nya Tidning, 13.5.2015

》Einem Privatmann ist von der Bezirksregierung eine Prämie von rund 18 000 Kronen zugesprochen worden, nachdem sein Bienenstand zerstört worden war. Dem Angriff eines äußerst hungrigen Bären waren insgesamt sechs Bienenstöcke mitsamt ihren Völkern zum Opfer gefallen. 《

Dalarnas tidningar, 7.7.2017

Mäuse gibt es im Gegensatz zu Bären im Grunde überall. Im Herbst dringen sie gern in die angenehm warmen Bienenstöcke ein, in denen darüber hinaus ständig frische Nahrung serviert wird. Manchmal gelingt es den Bienen, sie totzustechen und mit bakterientötender Propolis zu balsamieren. Als Schutz gegen Mäusebesuche werden Mäusesperren, Drahtgitter und eine Reduzierung der Fluglochhöhe empfohlen.

Auch Ameisen gehören zu den ewigen Sorgen. »Dringen sie in den Korb ein, werden die Bienen entmutigt«, schrieb Samuel Linnæus. Um die Ameisen daran zu hindern, zu ihnen hinaufzuklettern, »als wären sie auf einer großen Landstraße«, konnte man die Füße des Bienenstands in gefüllte Wasserschalen stellen. So macht man es heute noch mit den Beinen der Bienenstöcke, aber man kann sie auch mit Hartplastik verkleiden. Manche Imker versprühen Zimt oder streuen zerbrochene Eierschalen aus.

Auf eine kuriose Methode, die er, nachdem er eine große Anzahl von Möglichkeiten getestet hatte, als die beste beurteilte, war Esaias Fleischer in einem Beitrag von »Hr Boetius in Wester-Aas« in den *Abhandlungen der königlichen Schwedischen Academie der Wissenschaften* gestoßen. Dort wurde empfohlen, benutzte und deshalb nicht geruchsfreie Fischernetze um die Körbe zu hängen, was bewirkte, dass die Ameisen es nicht wagten, sich ihnen zu nähern.

Hr Boetius hieß eigentlich Jacob Boëthius (1647–1718) und war Pastor der Kirchengemeinde Mora im Stift Västerås. Daneben war er auch Imker, zumindest für einige Zeit, aber die Notiz über Ameisen und Fischernetze scheint das Einzige zu sein, was er je über Bienen geschrieben hat. Bekannt wurde er durch seinen Widerstand gegen das Kirchengesetz des Jahres 1686, das den absolutistischen König zum höchsten Herrn der Kirche machte. Er kritisierte die Mündigkeitserklärung des jungen Karl XII. und wurde deshalb zum Tode verurteilt. Die Strafe wurde auf lebenslange Haft reduziert, und später wurde er begnadigt. Da er das ablehnte, wurde er ins Danvikens Hospital verlegt. Eine der vielen faszinierenden Persönlichkeiten, auf die man in der Geschichte der Imkerei stößt.

Die großen Wachsmotten oder Wachsmaden sind Falter, die ihre Eier mit Vorliebe in die Wachszellen der Bienen legen.

»Bären lieben Honig«, heißt es in der Fernsehserie Trazan & Banarne. *Bis heute sorgt diese Naschsucht in bärenreichen Gegenden für ständige Unruhe. Aberdeen Bestiary, ca. 1200.*

Die Larven nagen Gänge ins Wachs und in das Holzwerk der Bienenstöcke und Wabenrähmchen und können damit großen Schaden anrichten. Schon die alten Römer Plinius und Varro beklagten sich über sie. Esaias Fleischer berichtete, im gewöhnlichen Volk seien Gerüchte im Umlauf gewesen, denen zufolge der kräftige Zuwachs an Wachsmotten darauf beruhte, dass die Kirche keine Wachskerzen mehr verwendete, die für die Schädlinge wie Fast Food gewesen sein müssen. Die wahre Ursache, schrieb Fleischer, sei der kalte Winter 1740 gewesen, der jede Menge Bienenvölker umgebracht hatte, so hätten die Motten ungehindert in den Körben wüten können.

Aber vielleicht wird dieses nach wie vor lästige Insekt eines Tages als Umweltheld gefeiert werden. Unlängst hat ein spanischer Wissenschaftler entdeckt, dass es auch Plastik verzehrt und Polyethylen schneller zersetzt als irgendeine andere Methode. Allerdings ist es für Imker, die mit Kunststoffbeuten arbeiten, nicht so angenehm, wenn aus der Wachsmotte eine Plastikmotte wird.

Die Raubbiene – eine weitere der ewigen Bienengeißeln – ist keine besondere Art von Biene, sondern eine gewöhnliche *Apis mellifera*, die entdeckt hat, dass es bequemer ist, schwachen Völkern Honig zu stibitzen, als selbst welchen herzustellen. Samuel Linnæus' Rat war, den angegriffenen Bienen guten süßen Wein zu geben, spanischen beispielsweise oder portugiesischen, und Honig beizumischen. Das werde ihnen Mut einflößen und sie in die Lage versetzen, sich besser gegen Eindringlinge zu verteidigen. »Ein Bauer nahm Branntwein statt Wein und berichtete mir, dass dies eine gute Wirkung hatte.« Auch der Däne Hans Herwigk war der Ansicht, dass Alkohol die Kampfkraft der Bienen steigere. »Einige meiner Nachbarn nehmen guten alten Met und lösen ein wenig Honig darin auf. An Mariä Verkündigung, bevor die Sonne aufgeht, geben sie es den Bienen, und danach können ihnen die Raubbienen das ganze Jahr über nichts mehr anhaben.«

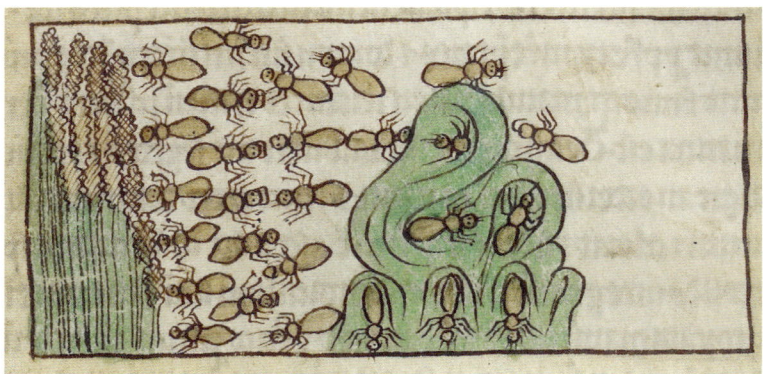

Ameisen, die Honig gefunden haben. Aber sieht man rechts den Ameisenhügel und links die Waben, oder ist es andersherum? Northumberland Bestiary, ca. 1250–1260.

Hans Herwigk

wohnte in Roskilde und war Badehausvorsteher, ein unge-
wöhnlicher Beruf für einen Bienenbuchverfasser. Die waren
lange Zeit fast ausnahmslos Geistliche gewesen. Herwigks *En
nyttig bog om bier* (Ein nützliches Buch über die Bienen) von
1649 ist das erste skandinavische Handbuch für Imker, und es
steckt voller interessanter und unterhaltsamer Beobachtungen.

Falls das nicht funktionierte, konnte man auch frischen Honig
direkt aus den Waben nehmen, ihn mit gutem Wein und Brun-
nenwasser mischen und am Morgen über die Waben des angegriffenen Volks gießen. Der Korb musste den Tag über ge-
schlossen gehalten werden, und danach waren die Bienen
wieder kampfbereit. Heute lautet der landläufige Rat, das Flugloch zu verkleinern, was es den Wächterbienen des angegriffenen Volks leichter macht, die Räuber zu stoppen. Falls jedoch
ein neugieriger Imker versuchen sollte, seinen Bienen einen
Schnaps unterzujubeln, würde mich das Resultat brennend
interessieren. Sind sie kühner geworden?

Die Liste der Gefahren, denen Bienen ausgesetzt sein können, ist damit noch lange nicht vollständig. Es gibt Krankheiten und Parasiten wie beispielsweise Nosemose, Europäische
Faulbrut, Amerikanische Faulbrut und Kleiner Beutenkäfer.
Am schlimmsten ist die Varroamilbe. Aber, verehrte Leser, hier
nehme ich mir die Freiheit, nicht in die Details zu gehen. Wer
sich in dieses Thema vertiefen möchte, kann zu den hervor-
ragenden Handbüchern greifen, die es zur Bienenzucht gibt.

Anmerkungen

1 »Der Bien« ist ein altertümlicher Begriff, der das gesamte Bienenvolk
bezeichnet.

Noch ist in der Schilderung des Landlebens im Februar in Les Très Riches Heures du Duc de Berry, *einem illustrierten Stundenbuch vom Beginn des 15. Jahrhunderts, die Zeit für den Reinigungsflug nicht gekommen. Die Bienen sitzen in einer Traube in ihren Körben und haben hoffentlich noch etwas Honig übrig, von dem sie leben können. Aber sobald ein Hauch Frühling in der Luft liegt, fliegen sie aus.*

FEBRUAR

Eine Erinnerung an ein Frühlingszeichen

gefolgt von

*älteren Beschreibungen des Reinigungsflugs
sowie der Reaktionen der Nachbarn*
🐝

DIE KOHLMEISEN, DIE ALTEN FILOUS, feilen an ihrem Doppelton. Ein anderes Frühlingszeichen sind die Bienen, die alle Belastungen des Winters überstanden haben und ihren Reinigungsflug antreten. Das heißt, wenn der erste Tag mit milden Temperaturen lockt, fliegen sie zum ersten Mal seit dem Herbst in versammelter Mannschaft aus und verrichten ihre Bedürfnisse.

Bis jetzt hatte ich diese magische Bestätigung dafür, dass meine Bienen den Winter überdauert haben, stets verpasst. Ich hatte die Spuren gesehen, aber das ist ja nicht dasselbe. Und jetzt ist es passiert! Ich war im Garten und habe Zweige geschnitten, als ich plötzlich sah, wie die Bienen gleichsam aus den Bienenstöcken quollen und in der Luft kreisten. Unglaublich.

Bienen auf dem Reinigungsflug sollen mit Vorliebe Ziele

ansteuern, die weiß sind – weiß wie Schnee. Deshalb sollte man seine Wäsche nicht am ersten Frühlingstag raushängen, denn Bienenkotflecken sind so gut wie gar nicht herauszubekommen. Das hatte ich auch nicht getan, allerdings hatte ich es erwogen. An der frischen Luft getrocknete Wäsche duftet himmlisch, besonders die erste des Jahres, aber die Waschmaschine war kaputt. Glück im Unglück. Glänzender Autolack soll auch anziehend sein, aber ich besitze kein Auto und daher auch keinen Lack, um den ich mir Sorgen machen müsste. Ich konnte das Erlebnis einfach genießen. Jetzt schienen die Bienen sich vor allem auf vergessene Gartenmöbel zu konzentrieren, die den ganzen Winter draußen gestanden hatten. Und wenn schon, dann hatte man endlich einen Grund, sie neu zu streichen.

Nach einer Weile kehrten die Bienen nach Hause zurück, aber nicht, um ihre Ruhestellung wieder einzunehmen. Die Königinnen hatten bereits mit der Eiablage begonnen, und das bedeutet für die Arbeitsbienen Hochbetrieb. Sie müssen Larven füttern, Wachs produzieren und Zellen bauen, und bald können sie auch Pollen von Haselsträuchern, Salweiden und Krokussen holen. Alles fängt von vorne an. Das Neujahrsfest der Bienen, so könnte man den Reinigungsflug vielleicht nennen.

Frühlingsglück oder sanitäre Unannehmlichkeit?

In heutigen Bienenbüchern erfährt man wenig über den Reinigungsflug – falls er überhaupt erwähnt wird. Aber es gibt zahlreiche ältere Beschreibungen, von denen viele sehr poetisch sind.

>> Wenn die Sonne um 9, 10 oder 11 Uhr die Körbe erwärmt, kommen die Bienen in großer Anzahl heraus, lassen einen fröhlichen Gesang über das Ende des Winters und das Eintreffen des Frühlings hören, schlagen Kapriolen in der Luft, um zu erkunden, wo sie zu Hause

»Die Bienen (…) lassen einen fröhlichen Gesang über das Ende des Winters und das
Eintreffen des Frühlings hören, schlagen Kapriolen in der Luft, um zu erkunden,
wo sie zu Hause sind, leeren im Flug ihre Kotblase.« *Abbildung aus* Tacuinum sanitatis
casanatensis *aus dem 15. Jahrhundert.*

sind, leeren im Flug ihre Kotblase oder setzen sich auf den Boden oder an einen anderen Ort, um sich von den im Winter gesammelten Exkrementen zu befreien, und versprechen ihrem Besitzer, den ganzen Sommer hindurch fleißig zu sein. **《**

Aus *Hufvud-Grunderne i Biskötseln för Enfaldige Landtmän* (Haupt-Regeln der Bienen-Zucht für das einfache Landvolk) von Gustaf Natt och Dag, 1768

Was für eine wunderbare Beschreibung! Da werden konkrete Fakten mit Frühlingsjubel verbunden.

Die Darstellung des irischen Priesters Joseph Garvan Digges von 1904 ist aus einem anderen Grund bei mir haften geblieben. Es ist faszinierend, wie dieser prüde Viktorianer sich anstrengt, um nicht auszusprechen, was die Bienen während ihres Frühlingsausflugs eigentlich tun.

》Dies ist eine glückliche Stunde für den Imker, der jetzt weiß, dass der Schnee und alle anderen Prüfungen des Winters dieses kleine Volk, das dank seiner Voraussicht und liebevollen Fürsorge schon auf den Winter vorbereitet war, bevor das Laub fiel, nicht zerstören konnten. Es begeben sich immer mehr dieser kleinen Wesen nach draußen, die bereit sind, so lange zu leiden, um die Reinheit, die dank ihrer ständigen Anstrengung im Bienenstock herrscht, zu bewahren. **《**

Das Glück, das ein Imker angesichts des Reinigungsflugs empfinden kann, wird allerdings von seiner Umwelt nicht immer geteilt. Manch ein Nachbarschaftsstreit entbrennt um den Bienenkot, nicht zuletzt dann, wenn das Verhältnis der Parteien ohnehin gespannt war.

》Dies ist das erste Mal, dass Umweltinspektorin Susanne Johansson, Vertreterin der Umweltbehörde Blekinge West, eine Anzeige wegen verwahrloster Bienen erhalten hat. Kläger sind die Nachbarn eines Imkers. Sie hat in den Gesetzbüchern nachgeschlagen, aber keinen Paragraphen gefunden, den sie in diesem Fall zur Anwendung bringen kann. ›Die Bienen haben auf einem Auto gesessen und gekotet. Dadurch wurde der Lack angegriffen. Anschließend verkoteten sie noch die Wäsche und einen Wohnwagen‹, so Susanne Johansson. «

Blekinge Läns Tidning, 15.5.2007

Verwahrloste Bienen! Dabei sind sie ganz im Gegenteil doch äußerst stubenrein. Trotzdem: Empfindliche Nachbarn sollten vor dem Reinigungsflug besser gewarnt werden.

Heim in den Korb nach dem Reinigungsflug. Die Arbeit wartet! Buchmalerei aus dem 13. Jahrhundert.

Amerikanischer Bienenhof Ende des 19. Jahrhunderts.

MÄRZ

*Die Erinnerung an einen kalifornischen Imker
mit einem lockeren Finger am Abzug*

gefolgt vom

neuesten Stand zum Vordringen der Mörderbiene

MÄRZ 1984. Die Sonne scheint über dem San Joaquin Valley in Kalifornien. Ich bin zu Besuch bei Bekannten in Hughson, und als ich höre, dass es in der Nähe einen Imker geben soll, muss ich sofort herausfinden, ob das stimmt. Doch, es gibt ihn, und er empfängt gern Besucher auf seiner Honey Farm.

Als ich eintreffe, räumt er gerade hohe Stapel von Zargen um, die repariert werden müssen. Hier geht es nicht um einen kleinen Hobbyimker, so viel ist klar.

»Jack Beekman – *B* for *bee*, *k* for *keeper* and *man* because I am a man!«

So stellt er sich vor und fügt hinzu, dass er heute nicht nur ein Mann sei, sondern ein *very happy man*. Gerade sei Laura Belle, seine Gattin, nach längerem Krankenhausaufenthalt wegen eines komplizierten Beinbruchs nach Hause gekommen.

»Heute Morgen hatte sie Angst, dass sie vielleicht nie mehr gehen kann«, sagte er, »aber ich habe gesagt: So ein Unsinn! Deine Vorfahren waren echte Yankees, sie haben den Boden urbar gemacht und gegen Indianer gekämpft und sind nach Westen zogen, und wenn man solches Blut in den Adern hat, gibt man nicht auf, nur weil man sich ein Bein gebrochen hat!«

Ich gehe hinein, um sie zu begrüßen. Sie liegt auf dem Sofa im Wohnzimmer, eine zerbrechliche, kleine Frau unter einer Decke. Auf dem Tisch daneben stehen die Familienfotos aufgereiht. Sie sei als einziges Kind hier auf der Farm aufgewachsen, erzählt sie, und manchmal habe sie sich ziemlich einsam gefühlt. Ihre Eltern hätten Mandeln und Orangen angebaut, die Bienen seien mit Jack gekommen, ihrem Ehemann. Zumindest hätten die vier Kinder, die sie mit ihm habe, sich nie einsam fühlen müssen.

Sie selbst mag die Bienen nicht so besonders, ist aber froh, dass das Geschäft gut läuft und zwei ihrer Söhne eingestiegen sind. Die Farm hat jetzt 4000 Bienenvölker, eine nach schwedischem Maßstab astronomische Zahl. Trotzdem zählt Beekman nicht zu den Großen hier im Tal. Die Großimker haben 20 000 Völker oder mehr.

Wie viele der kalifornischen Imker betreibt Beekman Wanderimkerei. Die Bienenstöcke werden dorthin gebracht, wo die Blüte am reichsten ist und ihre Bestäubungsleistung am meisten gebraucht wird. Viele der Bienenstöcke stehen im Augenblick aber hier auf der Farm, weil Teile der Orangenplantagen von Laura Belles Eltern noch in Betrieb sind. Wie es duftet und summt! Andere Beekman'sche Bienen fliegen auf den Mandelfarmen weiter hinten im Tal herum. Anschließend werden sie an die Gebirgshänge gebracht, wo die richtig großen Orangenplantagen liegen und der Salbei blüht. Später in der Saison ist die Luzerne, das Alfalfa, an der Reihe. Bei uns steht sie wegen ihrer Keime auf den Fensterbänken, hier ist sie eine Silagepflanze.

Jack Beekman, ein streitbarer
Yankee in Kalifornien.

Doch trotz des günstigen Klimas, das Kalifornien zum führenden Bienenstaat der USA gemacht hat, zeigt sich, dass auch hier die Imker Sorgen haben. So regt Jack Beekman sich unter anderem darüber auf, dass die Regierung den Import ausländischen Honigs zulässt.

»Sie zerstören den Markt mit Dumpingpreisen. Man sollte nach Washington fahren und ein paar der schlimmsten Idioten erschießen. So haben die Yankees es schon immer mit denen gemacht, die ihre Rechte mit Füßen getreten haben.«

»In Schweden beklagen sich die Imker auch über den Honigimport«, sage ich. »Unter anderem wird dort kalifornischer Orangenhonig eingekauft, der angeblich erhitzt worden ist, damit er seine flüssige Konsistenz behält, dadurch aber seinen gesamten Nährwert verloren hat.«

»Pah«, sagt Jack, »diese Dummheiten habt ihr euch von den Deutschen einreden lassen. Die mit ihrem Gerede von Nährwerten! Wir erhitzen den Honig einfach ein bisschen, dadurch nimmt er keinerlei Schaden. Es gibt jede Menge Tests, die das beweisen.«

Ich habe auch gehört, dass Honig erhitzt wird, damit er nicht zu gären beginnt. Imkert man in industriellem Maßstab und hat Tausende von Bienenstöcken, kann man nicht kontrollieren, ob der Honig in jedem einzelnen ausreichend gereift und bereit zur Entnahme ist. Man erntet einfach komplett alles ab und hat dadurch unweigerlich auch unreifen Honig dabei, der anfängt zu gären, wenn man ihn nicht erhitzt. Aber das erwähne ich Jack gegenüber nicht.

Er ist bereits zu einem anderen Problem übergegangen, nämlich der Mörderbiene – *the killer bee* –, einer Kreuzung zwischen der unheimlich fleißigen, aber aggressiven Afrikanischen Biene, *Apis mellifera scutellata*, und der netten Italienischen Biene, *Apis mellifera ligustica*, die in den USA die am weitesten verbreitete ist. 1957 konnten sechsundzwanzig Afrikanische Bienenköniginnen aus einem Labor in Brasilien entkommen, in das ein Forscher sie importiert hatte, um eine bessere Biene zu züchten als die Italienische, die in tropischem Klima nicht besonders produktiv ist. Die geflohenen Königinnen paarten sich mit den örtlichen Drohnen, und die *scutellata*-Gene haben sich als klar dominierend erwiesen. Zu allem Überfluss waren die Hybriden noch reizbarer als ihre mütterliche Verwandtschaft. Sie konnten sowohl Menschen als auch Vieh töten und verbreiteten sich unaufhaltsam sowohl nach Norden als auch nach Süden.

»Bald werden wir sie auch hier haben«, seufzt Jack.

Was tun? Totschießen kann man sie jedenfalls nicht. Es wurde erwogen, an der mexikanischen Grenze ein Netz zu spannen, mit Korridoren, die mit Insektengift präpariert wären. Sollte dies nicht funktionieren, hat er sich für den Herbst zu einem Kurs angemeldet, auf dem man lernen kann, wie man sich mit genetischen Tricks gegen diese Mörder schützt, indem man zum Beispiel fleißig die Königinnen austauscht. Aber das entspricht nicht so ganz Jacks Naturell.

Sein Sohn Bob kommt vorbei. Er hat seine Mutter begrüßt und nimmt ein paar Gläser Orangenhonig mit nach Hause.

»It has an aroma that will knock you silly!«, sagt er und fragt, welche Art von Honig ich in Schweden habe. Und er möchte wissen, wie viele Völker ich habe. *»Two«*, sagte ich, und vermutlich glaubt er, dass ich zweitausend meine.

»Und ich habe einen wunderbaren *lime honey*, Lindenblütenhonig. Der ist beinahe so gut wie euer Orangenhonig.«

Vater und Sohn Beekman schauen mich fragend an. »Wächst bei euch in Schweden *lime*?«

»Nein«, erkläre ich, »Zitrusbäume brauchen tropisches Klima, aber in gemäßigten Zonen wie in Schweden gibt es einen anderen Baum, der auch *lime* heißt.«[1]

»Wie schmeckt denn dieser Honig?« Bob ist skeptisch.

»It knocks you happy«, sage ich und werde von plötzlichem Heimweh nach meinen Bienen erfasst, obwohl es noch mehrere Monate dauert, bis die Linde wieder blüht und duftet. Aber ihnen zuzuschauen, wie sie den Pollen der Krokusse und Schneeglöckchen einsammeln, ist auch schon wunderbar.

Gutes und Schlechtes über die Mörderbienen

Die invasiven afrikanisierten Bienen – die Mörderbienen – gibt es mittlerweile verwildert in ganz Süd- und Mittelamerika, aber sie werden auch in großer Anzahl gehalten. Es ist kein Schaden, wenn man lernt, mit ihnen umzugehen, ganz im Gegenteil. Sie werfen große Honigernten ab, sind widerstandsfähig gegenüber der Varroamilbe und werden auch von der CCD nicht betroffen, der *Colony Collapse Disorder*. Dank der Mörderbienen sind Brasilien und Argentinien zu großen Honigexporteuren geworden.

In den USA haben sie sich in Florida, New Mexico, Texas, Nevada, Arkansas, Arizona und im südlichen Kalifornien etabliert. Weil die US-amerikanische Imkerei überwiegend in industriellem Maßstab betrieben wird, kann sie sich dem Temperament der Mörderbienen nicht anpassen, wie es im Süden geschieht. Stattdessen versucht man diese Bienen mit unterschiedlichen Maßnahmen zu bremsen. Die Idee, an der mexikanischen Grenze eine Sperre einzurichten, ist beerdigt worden, zumindest was die Bienen betrifft. Stattdessen versucht man es unter anderem damit, jährlich neue Königinnen einzuweiseln, die in ihren Völkern von netten Drohnen gepaart worden sind. Und vielleicht, so hofft man, mögen sie das kältere Klima im Norden nicht.

Aber es gibt auch Imker, die gelernt haben, ihre Bienen zu beherrschen. In *More than Honey*, einem Film, den alle, die sich für Bienen und ihre und unsere Zukunft interessieren, gesehen haben müssen, begegnet uns Fred Terry, der auch als Countrysänger bekannt ist. Er meint, die afrikanisierten Bienen seien die Rettung der amerikanischen Bienenwirtschaft, in der jedes Jahr ein Drittel aller Völker stirbt. Die Mörderbienen sind nicht nur widerstandsfähiger gegenüber fast allem, was andere Bienen umbringt. Sie ertragen es auch nicht, von der industriellen Bienenhaltung misshandelt zu werden. In Südamerika lachen die Leute, wenn man ihnen erzählt, dass diese unerhört produktiven Bienen in den USA als *killer bees* bezeichnet werden. Warum nennt man die Autos nicht *killer cars*, wo sie doch jedes Jahr Tausende von Menschen umbringen?

»Sie sind keine Schoßhunde, sie sind Wölfe!«, sagt Fred Terry begeistert. Man kommt mit ihnen zurecht, indem man beispielsweise in der Nacht oder früh am Morgen an ihren Stöcken arbeitet und indem man alles vermeidet, was sie reizen könnte. Ihr Gift ist zwar nicht gefährlicher als das anderer Bienen, aber wenn sie sich bedroht fühlen, geht das gesamte Volk zum Angriff über und kann ein Opfer bis zu einem halben Kilometer weit verfolgen. Das bedeutet, dass sie trotz ihres Fleißes bei der Honigproduktion für einen Hobbyimker, der ein paar Bienenstöcke zur Bestäubung, zum Vergnügen und wegen des Honigs in seinen Garten stellen möchte, kaum geeignet sind.

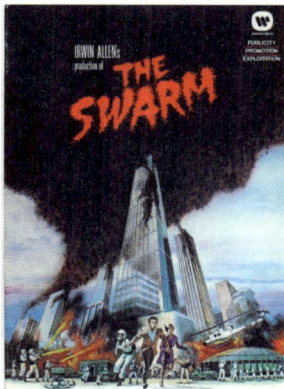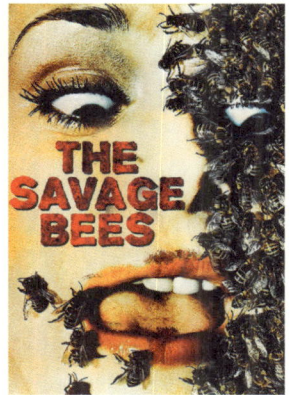

Der Film The Savage of the Bees *von 1976 versetzte die Amerikaner schon in Schrecken, bevor die Mörderbienen die USA überhaupt erreichten. In dem Film töten ausgebrochene Afrikanische Bienen alles, was ihnen über den Weg läuft, und bedrohen den Mardi Gras in New Orleans. In* The Swarm *von 1978 marschieren die Mörderbienen in Texas ein. Mit Bienen ist nicht zu spaßen – das wird jedem klar, der diese Filme sieht.*

ANMERKUNGEN

1   Später erfahre ich, dass die Linde auf Amerikanisch *basswood* heißt und in den nordöstlichen Staaten wächst. Auf Englisch kann man sie auch *linden* nennen.

Plakat von Willard Frederic Elmes, gedruckt 1929 bei Mather & Company in Chicago. Das Unternehmen hatte sich darauf spezialisiert, Plakate zu entwerfen, die die Produktivität der Angestellten steigern sollten. Da drängten sich die fleißigen Bienen als Motiv natürlich auf.

A·PRI·L·

Erinnerungen an unterschiedliche Gäste
am Bienenstock

gefolgt von

einer Übersicht all dessen,
was man im Laufe der Zeit von den Bienen
meinte lernen zu können

ES HERRSCHT HOHER DRUCK in den Bienenstöcken. Wenn die Sonne scheint, erinnert das Flugloch an Heathrow oder einen anderen internationalen Großflughafen. Ein Start und eine Landung
nach der anderen. Laut einem Kind, das bei uns zu Gast war,
sind die wagemutigsten unter den Bienen die, die mit ihrer
Nektar- und Pollenlast direkt in den Stock fliegen, statt vorher
auf dem Brett vor dem Flugloch zu landen.

Erfahrenere Imker, die uns besuchen, sagen gern, wir Menschen könnten von den Bienen viel lernen, aber damit meinen
sie weniger die Landetechniken als vielmehr die Organisation
des Bienenvolks. Um Maurice Maeterlinck zu zitieren: »Das
Individuum gilt im Bienenstock nichts, es hat nur ein Dasein

aus zweiter Hand, es ist gleichsam ein nebensächlicher Faktor, ein geflügeltes Organ der Gattung. Sein ganzes Leben ist eine vollständige Aufopferung für das unzählige, beharrende Wesen, zu dem es gehört.«

MAURICE MAETERLINCK (1862-1949)

belgischer Dichter und Schriftsteller, Nobelpreis für Literatur 1911. *La vie des abeilles* (*Das Leben der Bienen*) aus dem Jahr 1901 ist eine schwärmerische, aber auch pädagogische Schilderung des Lebens eines Bienenvolks mit vielen Parallelen zum menschlichen Verhalten. Peter Englund hat dazu in seinem Blog geschrieben: »Was Maurice Maeterlinck in seinem Buch tut, ist natürlich Anthropomorphismus, nicht auf demselben Niveau wie Disney, aber beinahe. Er deutet jede Menge menschliche Motive und Gefühle in die Handlungen der Insekten hinein und argumentiert mit unterdrückter Empörung gegen jene an, die behaupten, die Intelligenz der Bienen sei nur scheinbar. Trotzdem finde ich dieses kleine Buch wunderbar.«

Andere Gäste wissen nichts über Bienen und scheinen auch nichts wissen zu wollen – außer, ob sie stechen. Aber es gibt auch die Angstfreien und Neugierigen. Die fragen zum Beispiel, woher die Bienen wissen, wohin sie fliegen sollen, ob sie in der Nacht schlafen oder ob sie den Honig selbst fressen. Das freut mich. In mir wohnt eine kleine Grundschullehrerin, und ich erzähle gern von dem Leben im Bienenstock. Aber selten lässt die Situation zu, dass ich es so ausführlich tun kann, wie ich möchte. Mehr Tee muss gekocht, mehr Saft gemischt werden, das Gespräch driftet in andere Gefilde. Deshalb habe ich eine Übersicht auf einem Blatt zusammengestellt, die ich den Wissbegierigen überreichen kann. Vielleicht bewirkt sie, dass sie sich eines Tages selbst Bienen zulegen!

SOMMER IM BIENENSTOCK

Zur Mittsommerzeit, wenn es am größten ist, besteht ein Bienenvolk aus einer Königin, 60 000–80 000 Arbeitsbienen und ein paar Hundert Drohnen. Die Königin, oder der Weisel, wie sie auch genannt wird, ist die Einzige, die Eier legt, bis zu dreitausend können es an einem Tag werden!

Die Arbeitsbienen sind Weibchen, die aus befruchteten Eiern entstehen. Sie schaffen und knechten ihr ganzes Leben. Hier gibt es keinen Urlaub, keine Faselei von Selbstverwirklichung. Kaum sind sie aus der Brutzelle gekrochen, beginnen sie auch schon zu putzen und die Larven zu pflegen. In dieser Zeit nennt man sie Putzbienen, aber bereits nach einer knappen Woche werden sie Ammenbienen. Ihre Futtersaftdrüsen sind jetzt so weit entwickelt, dass sie die »ganz normalen« Larven mit Pollen und die Königinnenlarven mit Gelée royale füttern können, einem eiweißreichen Sekret, das sie aussondern. Dieses Spezialfutter sorgt dafür, dass die Königin fast doppelt so groß wird wie eine gewöhnliche Biene und mehrere Jahre leben kann.

Der nächste Schritt in der Karriere besteht darin, ihre Majestät zu bedienen, zu waschen und zu füttern. Auch begeben sie sich zum ersten Mal mit ihren Jahrgangsgenossen, nein: Tagesgangsgenossen (ca. 10 Tage) aus dem Stock nach draußen, um Orientierungsflüge zu unternehmen. Wenn ihre Wachsdrüsen schließlich beginnen, Wachs zu produzieren, werden sie zu Baubienen. Dann bearbeiten sie das Wachs und bauen Zellen für die Brut, für Pollen und für Honig.

Danach ist es an der Zeit, sich um den Nektar zu kümmern, den die älteren Schwestern in ihrer Nektarblase nach Hause gebracht haben. Enzyme müssen hinzugesetzt und Wasser muss fortgefächelt werden, damit aus dem Nektar Honig werden kann. Ist die Temperatur im Brutraum zu hoch, beginnen

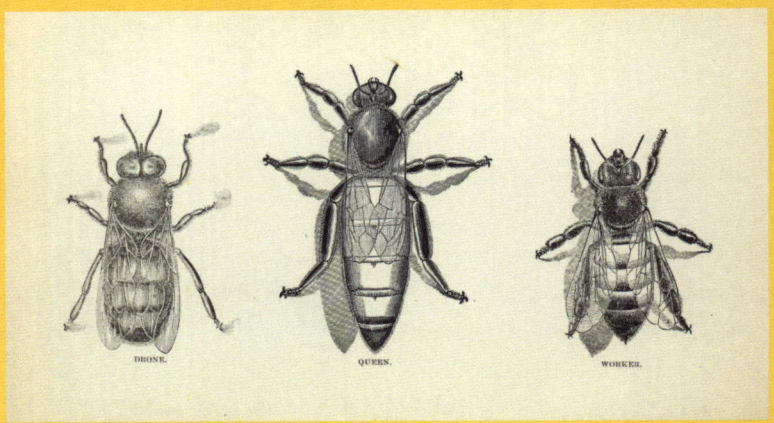

Von links: Drohne, Königin, Arbeitsbiene.

sie zu fächeln, ist sie zu niedrig, wärmen sie sie auf. Zudem
können sie am Flugloch aufpassen und Eindringlinge verjagen.

Im Alter von etwa zwanzig Tagen begeben die Arbeitsbienen
sich erneut ins Freie, diesmal als Flugbienen. Nun arbeiten sie
härter als je zuvor, sammeln Nektar, Pollen, Wasser oder Harz
aus Knospen. Letzteres verarbeiten sie zu einem antibiotischen
Kitt, der Propolis, mit der sie Risse abdichten. Wo es nektar-
reiche Blumen gibt, erfahren sie von Schwestern, die Erkun-
dungsflüge unternommen haben. Die berichten, indem sie
im dunklen Bienenstock unterschiedliche Muster tanzen, in
welche Richtung und wie weit entfernt die Nektarquellen liegen, wie sie riechen und wie reich sie sind. Bemerkenswert ist,
dass eine Flugbiene sich an eine bestimmte Blütensorte hält,
was dafür sorgt, dass der richtige Stempel mit dem passenden
Pollen bestäubt wird.

Aber nach ein bis zwei Wochen sind die Flügel der Flugbiene
verschlissen, und sie sinkt zu Boden. Ein typischer Arbeits-
schaden. Bienen, die im Spätsommer geboren werden und den
Großteil ihres Lebens im Bienenstock verbringen, können bis
zum nächsten Frühling überleben.

So fleißig, wie die Arbeitsbienen sind, so bequem erscheinen die Drohnen, die Bienen-Männchen, die aus unbefruchteten Eiern entstehen. Sie werden von ihren Schwestern bedient, gewaschen und gefüttert. Doch manchmal kommen sie richtig in Fahrt. Dann begeben sie sich mit allen anderen Drohnen der Gegend zu einem Sammelplatz, wo sie stundenlang herumhängen in der Hoffnung, dass eine frisch geschlüpfte Königin auftaucht. Erscheint eine, spielen sie verrückt. Zehn bis fünfzehn der Schnellsten und Stärksten von ihnen gelingt es vielleicht, ihr so nahe zu kommen, dass es intim werden kann, und ihre Samenflüssigkeit reicht aus, um die halbe Million Eier, die die Königin im Laufe ihres Lebens legt, zu befruchten. Allerdings bezahlen sie einen hohen Preis. Während des Akts bleibt ihr Geschlechtsorgan hängen und wird mit einem Teil des Hinterleibs abgerissen, was ihren Tod zur Folge hat.

Aber irgendetwas müssen sie doch auch tun, außer zu schlafen, sich füttern zu lassen und von Paarungsflügen zu träumen? Laut Aristoteles (383–322 v. Chr.) ist es »gut für die Bienen, einige Drohnen bei sich zu haben, denn es macht sie fleißiger.«

Das stimmt. Entfernt man die Drohnen, verlieren die Arbeitsbienen die Lust und lassen ihre Arbeit mehr oder weniger ruhen. Das soll daran liegen, dass die Drohnen ein Pheromon absondern, das ihre Schwestern mögen. Außerdem helfen sie, die Temperatur im Brutraum stabil zu halten, und es gibt eine Theorie, die besagt, dass sie eine Art Diplomatenkorps bilden. Im Unterschied zu den Arbeitsbienen werden sie nämlich in fremde Bienenstöcke eingelassen. Aber was auch immer sie tun, es hat sich erledigt, sobald der Herbst naht. Jetzt ist es Zeit für das Massaker, das Drohnenschlacht genannt wird. Die Arbeitsbienen schleppen ihre Brüder aus dem Stock und überlassen sie ihrem Schicksal, und wenn sie sich wehren, werden sie totgebissen und totgestochen. Im Winter werden sie nicht gebraucht, und deshalb sollen sie auch nicht von den Vorräten profitieren.

Der römische Dichter Vergil schrieb über die Bienenhaltung im 4. Buch der Georgica, eines Lehrgedichts über den Landbau. Viel Lehrreiches findet sich darin, was man von Bienen lernen kann und wie sie leben. Unter anderem wies er darauf hin, dass sich die Bienen voll und ganz der Arbeit widmen könnten, weil sie kein Interesse an Sex hätten.

Wir können viel von den Bienen lernen – aber was?

Von der Antike bis weit in die Neuzeit hinein sind die Bienen mit vorbildlichen Untertanen in einer perfekten Monarchie verglichen worden. Dass sie von einem König regiert wurden, war sonnenklar, denn Aristoteles hatte es bereits im 4. Jahrhundert vor Christus gesagt, und seine Worte galten – nicht allein, was die Bienen betraf, sondern in nahezu jeder Beziehung – beinahe 2000 Jahre lang als unumstößliche Wahrheit.

»Übrigens ehren ihren König so wie sie weder Ägypten noch das riesige Lydien, nicht die Parthervölker noch der Meder am Hydaspes«, schrieb der römische Dichter Vergil. Der stoische Philosoph Seneca meinte, der Bienenstaat beweise, dass die Monarchie von der Natur geschaffen worden sei, und legte die Tugenden des Bienenkönigs seinem Schüler, dem zukünftigen Kaiser Nero, ans Herz. Der Bienenkönig führe die anderen bei der Arbeit an, aber – so behauptete Seneca – ihm fehle der Stachel. »Weder wollte die Natur, dass [er] wild sei, noch dass [er] Rache, die teuer zu stehen kommen muss, suche, und nahm [ihm] die Waffe weg und ließ [seine] Aggressivität waffenlos. Das ist für große Könige ein gewaltiges Beispiel.« Aber die Botschaft kam nicht an. Nero ließ alle, die ihm nicht genehm waren, hinrichten, inklusive seiner Mutter. Seneca wurde befohlen, Selbstmord zu begehen, was er auch tat, in stoischer Ruhe bis in den Tod.

Die katholische Kirche hat die Bienen und den Bienenstaat eifrig als ein Muster für die Gläubigen angepriesen. »Christus, unser König, flog zu uns aus seinem Bienenstock, welcher die Brust seines Vaters ist. Ihm sollten wir folgen wie gute Bienen«, schrieb der heilige Antonius im 13. Jahrhundert. In den Offenbarungen der heiligen Birgitta ist an mehreren Stellen von Bienen die Rede. Im zwölften Kapitel des dritten Buchs steht: »Ich bin Gott, der Schöpfer der Welt. Ich bin der Herr und Besitzer der Bienen. Aus meiner glühenden Liebe und mit meinem Blut gründete ich meinen Bienenstock, der die Heilige Kirche ist. In ihr sollen sich die Christen versammeln und in gemeinsamem Glauben und gegenseitiger Liebe verweilen.«

Die Eigenschaft der Bienen, die ansonsten von der Kirche am meisten in den Vordergrund gestellt wird, ist ihr Verzicht auf fleischliche Gelüste. »Sie widmen sich nicht dem Dienste der Venus oder der Liederlichkeit und werden somit auch nicht von den Schmerzen der Niederkunft berührt«, schreibt der Franziskanermönch Bartholomaeus Anglicus im 13. Jahrhundert. Deshalb galt das Wachs, das sie herstellten, als ebenso jungfräulich wie Maria und ihr Sohn Jesus, der von ihrem reinen Körper geboren wurde, und besonders geeignet zur Herstellung von Kerzen für den kirchlichen Gebrauch. Das Wachs symbolisierte das Fleisch und Blut Christi, der Docht seine Seele, die Flamme seine Göttlichkeit. Die mittelalterliche Theologie erinnert gelegentlich an die Psychoanalyse. Bestimmte Dinge stehen für etwas anderes als das, was sie augenscheinlich sind.

Die Renaissance erweckte das Bild der antiken Autoren vom Bienenstaat als einer perfekten Monarchie mit einem edlen König wieder zum Leben. Erasmus von Rotterdam (1467–1536) knüpfte an Seneca an. Der Herrscher der Bienen sei der Mächtigste von allen, weil er seine Untertanen nicht unterdrücke, sondern ihr Wohltäter sei. Die Bienen liebten ihn und arbeiteten mit Freude für ihn.

Shakespeare beschreibt die Ähnlichkeiten des Bienenstaats mit denen der Menschen in *Heinrich V.*, Erster Akt, Szene 2:

> So tun die Honigbienen, Kreaturen,
> Die durch die Regel der Natur uns lehren
> Zur Ordnung fügen ein bevölkert Reich.
> Sie haben einen König und Beamte

Pius XII. trug zu seiner Krönung eine Tiara, die wie ein Bienenkorb geformt war.
Als 1958 der Internationale Imkerkongress in Rom zusammentraf, sagte er in seiner
Rede zu den Teilnehmern: »Wir ermahnen euch, liebe Söhne, den Herrn im Werk
des Bienenkorbs zu sehen. Betet ihn an und preiset ihn für diesen Widerschein
seiner göttlichen Weisheit; lobet ihn für das Wachs, ein Sinnbild für die Seelen,
die brennen und von ihm verzehrt werden; lobet ihn für den Honig, der lieblich ist,
aber weniger lieblich als seine Worte, von denen die Psalmisten singen, dass sie
lieblicher seien als der Honig.«

Von unterschiednem Rang, wovon die einen
Wie Obrigkeiten, Zucht zu Hause halten,
Wie Kaufleut andre auswärts Handel treiben,
Noch andre, wie Soldaten, mit den Stacheln
Bewehrt, die samtnen Sommerknospen plündern
Und dann den Raub mit lustgem Marsch nach Haus
Zum Hauptgezelte ihres Kaisers bringen.

(Übersetzung von August Wilhelm Schlegel)

Aber gegen Ende der Renaissance geriet die aristotelische Auffassung, dass die Bienen von einem König regiert würden,

ins Wanken. Als Erster meldete sich der Spanier Luis Mendez de Torres zu Wort, der 1586 berichtete, er habe mit eigenen Augen gesehen, wie *la maestra* Eier gelegt habe, also könne sie nicht männlichen Geschlechts sein. 1609 erschien *The Feminine Monarchie* des englischen Priesters und Wissenschaftlers Charles Butler, der schrieb, dass die Bienen eine Königin hätten, ohne allerdings Beweise vorzulegen. Da England fünfundvierzig Jahre lang erfolgreich von Elisabeth I. regiert worden war, erschien es nicht mehr abwegig, dass auch Bienen eine Königin haben konnten. Butlers Buch erregte große Aufmerksamkeit und zählt nach wie vor zu den Meilensteinen der Bienenliteratur. Mårten Triewald schreibt wesentlich später, er habe von einem Buch »eines Engländers namens Carl Butter«

BIENENMUSIK

In Charles Butlers Bienenbuch werden die Geräusche im Bienenkorb, die verkünden, dass eine neue Königin auf dem Weg ist, in Notenschrift wiedergegeben, dazu ein Madrigal, Melissomelos, mit vier Stimmen, die aus denselben Bienenlauten bestehen. Es ist gleich zweimal auf gegenüberliegenden Seiten abgedruckt, damit es auch mehrere Stimmen gleichzeitig singen konnten.

gehört, der dafür plädiere, dass die Bienen eine Königin hätten, dass dieses Buch jedoch »so selten geworden ist, dass ich weder in England noch hier zu Hause eine Ausgabe davon finden konnte«. Aber auch ohne »Butter« gelesen zu haben, war Triewald davon überzeugt, dass der Weisel ein Weibchen sei. »Jeder, der mit einer flach geschliffenen Nähnadel oder einer dünnen Schreibfederspitze den Bauch eines Weisels in der Zeit öffnet, in der sie Eier legt, kann mit bloßem Auge Eierstöcke und Eier erkennen.«

JAN SWAMMERDAM (1637–1689)
niederländischer Naturforscher, war der geschickteste aller klassischen Mikroskopisten. Er war der Erste, der die roten Blutkörperchen beschrieb, aber er widmete sich auch dem Studium und der zeichnerischen Wiedergabe der Anatomie von Insekten, unter anderem der Bienen.

Der Erste, der die Anatomie der Bienen mit Hilfe des Mikroskops studierte und damit jegliche Unsicherheit hinsichtlich ihres jeweiligen biologischen Geschlechts aus dem Weg räumte – oder aus dem Weg geräumt haben sollte –, war Jan Swammerdam. Obwohl immer mehr wissenschaftliche Beweise dafür gefunden wurden, dass der »Bienenkönig« kein König war, blieb die Frage das ganze 18. Jahrhundert hindurch brenzlig. Die menschliche Gesellschaft war tief vom christlichen Glauben durchdrungen, und der Bienenstaat galt als ein von Gott geschenktes Vorbild. Welcher Regent, welches Regime war das richtige? Gegen Naturwissenschaft und Aufklärung standen die Theologie und die Monarchie. Wie ausufernd darüber diskutiert und debattiert wurde! Im *Spectacle de la Nature* von Noel-Antoine Pluche aus dem Jahr 1732, einem frühen populärwissenschaftlichen Bestseller, fragt ein Graf einen bienenkundigen Priester, ob es denn stimmen könne, dass die Bienen eine Königin hätten. Er bekommt eine lange und verwickelte Antwort – auf der einen Seite, auf der anderen Seite –, die mit einer Gegenfrage endet: Was der Graf selbst denn meine? Tja, sagt dieser, da er selbst Eier in ihrem Hinterleib gesehen habe, müsse es eine Königin sein. Aber, so fügt er hinzu, deswegen wolle er sich nicht auf einen Streit mit jemandem einlassen, der eine andere Ansicht habe.

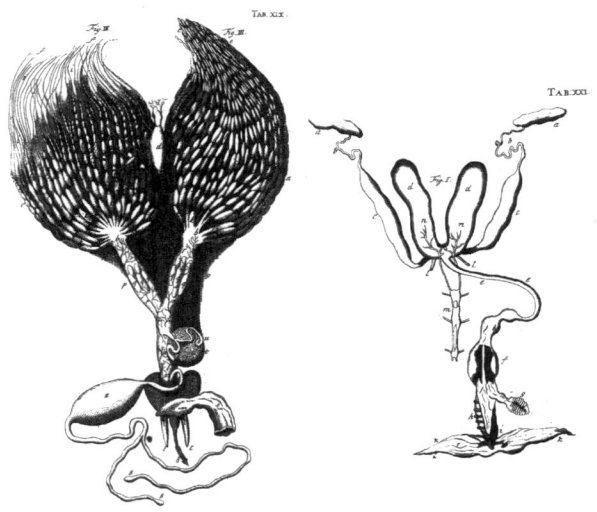

DIE GESCHLECHTSORGANE DER BIENE

Die reproduktiven Organe der Königin (links) und der Drohne (rechts), gezeichnet von Jan Swammerdam. »Wenn der Leser diese Genitalien und ihre ausgesuchte Struktur studiert, sieht er gewiss, dass Gott auch in diesen kleinen Wesen und ihren Körperteilen ganz unerhörte Wunder vor dem uninteressierten Auge versteckt hat«, schrieb er in seiner Abhandlung über die Geschichte der Bienen oder eine präzise Beschreibung ihres Ursprungs, ihrer Vermehrung, ihrer Geschlechter, ihrer Ökonomie, ihrer Arbeit und ihrer Nutzung.

DAS LIEBESLEBEN
DER KÖNIGIN

Am Ende des 18. Jahrhunderts entdeckten der Slowene Anton Janscha und der Schweizer François Huber unabhängig voneinander, wie es zugeht, wenn die Bienenkönigin befruchtet wird. Bis dahin hatte man nicht geglaubt, dass es sich um etwas Sexuelles handelte. Jan Swammerdam hielt es für ausreichend, wenn die Königin sich nur in der Nähe einer Drohne aufhielt, deren Ausstrahlung den Eiern, die sie trug, Leben einhauchte. Unbefleckte Empfängnis also. Johan Fischerströms Beschreibung des Liebeslebens der Bienen kommt der Wirklichkeit etwas näher, ist aber immer noch weit davon entfernt:

» Die Paarung geschieht auf solche Weise, dass das Weibchen sich auf ein Männchen legt und den Hinterleib gegen seinen beugt, der daraufhin die beiden oben genannten Hörner sowie den nach oben gekrümmten Dorn ausfährt. Ist dies mehrere Male geschehen, ist das Männchen tot, was bei einem Weibchen beobachtet wurde, das mit einem oder mehreren Männchen eingeschlossen war. Diese sind von Natur aus kaltsinnig, sodass das Weibchen etliche Liebesbezeugungen erweisen muss, um sie zu entflammen. Hat man ein Männchen zu ihr eingelassen, geht sie sogleich zu ihm, liebkost ihn mit dem Maul, streichelt ihm den Kopf mit den Beinen usw. Durch solche einnehmenden Handlungen wird er allmählich gewonnen, und schließlich verhält er sich fast genauso wie sie. «

Aus dem *Nya svenska economiska dictionnairen*, Teil I, 1779

Samuel Linnæus beschrieb, wie der Weisel »begleitet von einigen wenigen Bienen zuerst den Kopf in ein Rohr (=Zelle) beugt, worauf das Gefolge sie auf den Hinterleib stupst: sobald sie den Kopf herausgezogen hat, steckt sie sofort den Hinterleib hinein, bis zum Boden des Rohrs, und legt vermutlich ein

Ei, und während sie den Hinterleib darin stecken hat, stupsen ihre Begleiter sie erneut an den Kopf, als würden sie dem Weisel Nahrung geben oder ihn karessieren.«

Doch trotz dieser Wahrnehmung ist er sich des Geschlechts des Weisels nicht sicher und schreibt teils *er*, teils *sie*. Für ihn ist es unbegreiflich, dass »ein einziges Weibchen jeden Tag von Mariä Verkündigung bis Allerheiligen 400 bis 500 Eier legen kann (...), wo sie doch außerdem so viel anderes zu erledigen hat.« Noch seltsamer erscheint ihm, dass der Weisel offenbar die Natur der Eier erkennt, bevor sie gelegt werden, denn er/sie legt die Drohneneier in Drohnenzellen, die Arbeitsbieneneier in Arbeitsbienenzellen und die Weiseleier in Weiselzellen. Das sei, als ob die »Welpen der Hütehündin zu Kälbern werden, indem sie in den Kuhstall geworfen werden, oder aus Sperbereiern Stelzen schlüpfen, da sie in deren Nest gelegt worden sind.«

Herrlich. Man sieht vor sich, wie der Pastor grübelnd in seinem Bienenhof hin und her geht. Was soll er glauben? Schließlich scheint er aufzugeben. »Zu wissen, inwieweit der Weisel, der nach der Sitte alter Zeiten hier ›er‹ genannt wird, nunmehr nach neueren Angaben ein Weibchen oder eine Königin sein könnte, erscheint nach meinem Empfinden nicht notwendig. Besser verharre man in heiliger Verwunderung angesichts der weisen Einrichtung der Natur und sage mit David: Herr, wie sind deine Werke so groß und viel!«

Dachte er wirklich so? Ich vermute, dass er von höheren kirchlichen Instanzen Warnungen bekommen hatte. Die Ordnung der Natur infrage zu stellen gehörte sich nicht. Dann hätten die Leute sich ja alles Mögliche vorstellen können. Linnæus' großer Bruder Carl hatte einen Mahnbrief von einem Professor der Theologie bekommen, als er an der Beständigkeit der Arten, die als gottgeschaffen galten, Zweifel bekundete.

Der Archiater in Uppsala dagegen war, was das Geschlecht des Bienenregenten betraf, nicht so wankelmütig wie der Pastor in Stenbrohult. »Seht, wie wunderlich die Biene ihren Haushalt

eingerichtet hat, wie ein Weisel oder Weibchen so viele Wasser-
bienen oder Männchen liebt; sie allein genießt das *privilegium*,
das keiner anderen Frau vergönnt ist; dass der Wille der Männer ihr untergeben sei«, sagte er in der *Tal om märkvärdigheter
uti insecter* (Rede über Seltsamkeiten bei Insekten), die er 1739
vor der Königlichen Akademie der Wissenschaften hielt.

Nach einer Weile war nicht mehr zu leugnen, dass der Bienenstaat von einem Weibchen gelenkt wird. Wer Schwierig-
keiten hatte, diese Tatsache zu schlucken, konnte stattdessen ihren Status und ihr Aussehen herabsetzen. »Ein plumpes
Wesen«, schrieb der Engländer John Keys, »nicht unähnlich
einer allzu langen Frau in einem allzu kurzen Kleid.« Sie sei
nicht einmal eine richtige Königin, sondern nur eine schlichte
Eierlegmaschine.

Während der Französischen Revolution
wurde der Bienenkorb mit weiteren Be-
deutungen aufgeladen. Zunächst stand
er für das Zusammenwirken des Adels,
des Klerus und des dritten Stands in der
Nationalversammlung. Nachdem die Republik eingeführt worden war und sowohl
Adlige als auch Kleriker *en masse* unter der
Guillotine landeten, wurde er zu einem
Symbol des Fleißes und des Bürgergeists.

*Der Staatsstreich von 1772 stärkte die Macht Gustavs III., und um ihn zu feiern,
ließ dieser eine Medaille prägen, die Revolutionsmedaille genannt wurde und an
jene verliehen wurde, die ihn unterstützt hatten. Auf der Vorderseite befindet sich
eine Abbildung Seiner Majestät, auf der Rückseite ein Bienenkorb mitsamt einem
Bienenschwarm und der Inschrift »Endräktiga och konungen trogna, Stockholms
borgare den 19 augusti 1772« (Einträchtig und dem König treu, Stockholms Bürger
am 19. August 1772). In Schweden schien sich der Gedanke an eine Bienenkönigin
besonders schwer durchsetzen zu können. Vielleicht, weil Königin Christina, ihre
Abdankung und ihre Konversion zum Katholizismus noch herumspukten.*

Das Problem war nur, dass offenbar eine Biene Macht über die anderen hatte. Dass es sich dabei um ein Weibchen handelte, machte die Sache nicht besser. Ein Gegenstück zur verachteten Marie-Antoinette! Die Stellung des Bienenoberhaupts – wenn es denn überhaupt ein Oberhaupt war – musste festgestellt werden, und dies geschah durch eine Befragung im Jahr 1794 (Jahr III nach der revolutionären Zeitrechnung) an der neuen Lehrerhochschule *École normale*[2]. Sie wurde von einem Studenten namens Laperruque geleitet, und der Befragte war ein berühmter Naturwissenschaftler: der neunundsiebzigjährige Professor Louis Jean-Marie Daubenton. Er war früher Mitglied der *Académie royale des sciences* gewesen und Intendant des *Le jardin du Roi*, hängte aber nach der Revolution sein Mäntelchen nach dem Wind und bekam auch unter dem neuen Regime hohe Posten zugeteilt.

Kandidat Laperruque verkündete zunächst, dass er, wenn er sich im Reich der Tiere umsehe, etwas noch Schlimmeres als einen König entdecke:

» Ich sehe eine Königin! Und was noch seltsamer ist: eine Königin in einer Republik. Bürger Daubenton, Sie haben früher erklärt, dass der Löwe nicht der König der Tiere sein kann. Ein König hat einen Hofstaat, Diener und eine Leibgarde und kann Lehen ausgeben. Nichts davon findet man beim Löwen. Die Bienenkönigin dagegen besitzt einen aufwartenden Hof, Diener und eine eigene Verteidigung! Ich fordere, dass die Naturwissenschaft die Eigenschaften, von denen Sie, Bürger Daubenton, behaupten, dass mit ihnen Königliche Hoheiten definiert werden, an die republikanischen Prinzipien anpasst. «

In seiner Antwort nannte Daubenton die Bienenkönigin *la femelle*, das Weibchen, nicht *la reine*.

Sie habe keine andere Aufgabe als die, Eier zu legen, und dass die Arbeitsbienen sie respektierten, beruhe lediglich darauf, dass sie die Einzige sei, die das Volk vermehren könne, sagte er. Wenn

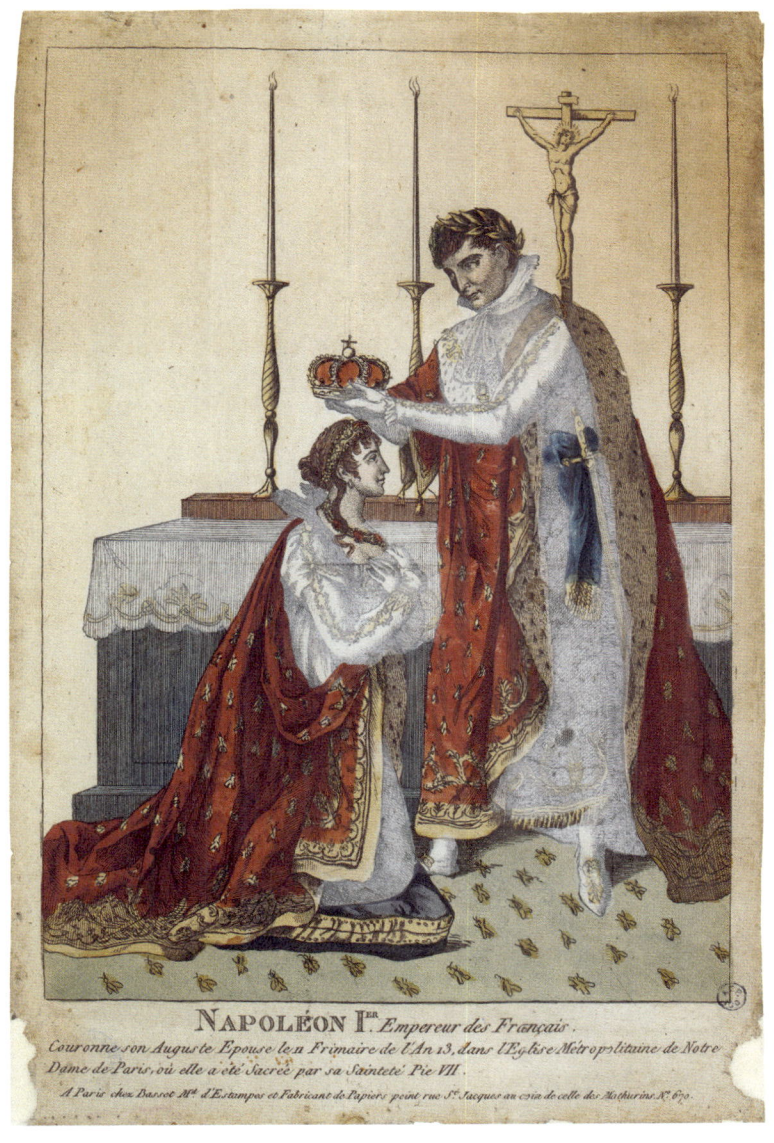

NAPOLÉON I.ᵉʳ *Empereur des Français.*

Couronne son Auguste Epouse le 11 Frimaire de l'An 13, dans l'Eglise Metropolitaine de Notre Dame de Paris, où elle a été Sacrée par sa Sainteté Pie VII.

A Paris chez Basset M.ᵈ d'Estampes et Fabricant de Papiers peint rue S.ᵗ Jacques au coin de celle des Mathurins N.º 670.

Im Jahr 1804 krönt Napoleon in Notre-Dame in Anwesenheit des Papstes seine Frau Joséphine zur Kaiserin. Zuvor hat er sich selbst zum Kaiser gekrönt. Die Mäntel der beiden sind mit Bienen bestickt.

la femelle verschwände, gerate der Staat in Unordnung, nicht weil die Arbeitsbienen Befehle von oben vermissten, sondern weil sie sich Sorgen um den Fortbestand des Staats machten. Sie arbeiteten aus freiem Willen für das Beste der Gesellschaft. Die Arbeiter seien also die eigentlichen Anführer.

Bravo! Heute heißt so etwas politische Korrektheit.

Jetzt hatte die metaphorische Verwendung der Bienen und des Bienenstaats Fahrt aufgenommen. Als Napoleon sich 1804 selbst zum Kaiser und seine Frau Joséphine zur Kaiserin krönte, waren ihre roten Samtmäntel übersät von mit Goldfaden gestickten Bienen. Auch der Teppich unter ihnen war

Napoleon wird ins Exil gezwungen, nach Elba, und verliert seine kaiserlichen Attribute. Der Adler fliegt fort, das Schwert liegt zerbrochen auf dem Boden, und die goldenen Bienen befreien sich aus seinem Mantel. Auf dem Boden liegt ein Buch mit Äsops Fabeln, geöffnet auf der Seite, auf der es um den Frosch geht, der genauso groß sein möchte wie ein Ochse. »Das dumme Tier blähte sich selbst so sehr auf, dass es platzte.«

mit Bienen bestickt. Diese Bienen waren eine Anspielung auf die merowingischen Könige, die das Frankenreich gegründet hatten. Im Grab König Childerichs I. aus dem 5. Jahrhundert hatte man nämlich dreihundert Bienen aus Gold gefunden, das Emblem der Merowinger. Jetzt sollten die Insekten mit ihrer historisch-symbolischen Verankerung Napoleons Herrschaft eine zusätzliche Legitimität verleihen; sie zierten nicht nur den Krönungsmantel, sondern auch Behörden des Kaisertums sowie Stoffe, Tapeten und das Porzellan des Empires.

Die bekannteste Bienenallegorie aller Zeiten ist *The Fable of the Bees* des niederländisch-britischen Philosophen und Arztes Bernard de Mandeville, eine satirische Erzählung in elegant gereimten Versen, denen ein erklärender Prosatext folgt.

Die Bienen in Mandevilles Korb haben eine gewisse Ähnlichkeit mit dem England des aufblühenden Kapitalismus, in dem er lebte. Sie stehlen, täuschen, bestechen und betrügen einander, sie sind eitel und selbstgerecht. Nichtsdestotrotz gedeiht die Gesellschaft und schenkt allen Wohlstand – bis eines Tages alle rechtschaffenen Bienen beschließen, ein anständiges Gemeinwesen zu gründen. Weg mit korrupten Beamten und reichen Faulpelzen, her mit denen, die reinen Herzens sind! Das Problem ist nur, dass sie nicht wissen, wie man Dinge erledigt. Die Wirtschaft bricht zusammen, und weil die guten Bienen nur für den Frieden leben, haben sie vergessen, wie man sich gegen Feinde verteidigt. Alles versinkt in Elend, Armut, Not und Tod. Schlussfolgerung: Eitelkeit, Genusssucht, Gier und Unehrenhaftigkeit sind notwendige Antriebskräfte, damit eine Gesellschaft sich entwickelt. Sogar das Verbrechen ist nützlich. Wenn es keine Diebe gibt, verhungern die Schlosser. Und womit soll sich die Kirche beschäftigen, wenn es keine Sünden gibt?

Zeitungen und Zeitschriften füllten sich mit rasenden Angriffen auf Mandevilles Werk. Ganze Bücher wurden seiner Verwerflichkeit gewidmet. Ein Gericht in Middlesex erklärte es zum Auslöser öffentlichen Ärgernisses, »*a public nuisance*«. Priester wetterten von ihren Kanzeln gegen den gottlosen Mandeville. Er bewerfe die Tugend mit Dreck und lästere gegen die christlichen Werte! Auch im Ausland stieß das Buch eine laute Debatte an. Der norwegisch-dänische Historiker und Schriftsteller Ludvig Holberg äußerte sich dazu, ebenso Voltaire. Beide hatten Einwände vorzubringen.

Heute wird Mandeville zu den herausragenden Gesellschaftsphilosophen gerechnet, und die Nachwelt – zumindest in Teilen – hat ihn verehrt. Er hat Volkswirtschaftler von Adam Smith und John Maynard Keynes bis zu Neoliberalen und Libertären wie Friedrich von Hayek, Ludwig von Mises und Milton Friedman beeinflusst. Hayek nannte Mandeville »einen wirklich großen Psychologen, falls dies für einen solchen Kenner der menschlichen Natur nicht ein zu schwaches Wort ist.« Mises pries ihn, »weil er gezeigt hat, dass der Eigennutz und der Wunsch nach materiellem Wohlergehen, normalerweise als Laster gebrandmarkt, tatsächlich die Kräfte sind, die Wohlstand, Reichtum und Zivilisation erschaffen.«

Während im 19. Jahrhundert die Arbeiterbewegung und die

Die Zeitschrift Bikupan *(Der Bienenkorb) erschien von 1872 bis 1974.*

*Die Arbeitsbiene ist seit Mitte des 19. Jahrhunderts Manchesters Symbol und
fast überall zu sehen, von städtischen Papierkörben und Laternenmasten bis zum
Fußboden des Rathauses (Bild). Ursprünglich stand sie für Manchesters Bedeutung
für die industrielle Revolution und die hohe Arbeitsmoral seiner Einwohner,
nach dem Bombenanschlag auf die Manchester Arena 2017 aber auch für deren
Zusammenhalt und Einigkeit. Viele Mancunians – so nennen sich die Bewohner
der Stadt – ließen sich Bienen tätowieren, und die Tätowierer leiteten ihre
Honorare an die Familien der Opfer weiter.*

freikirchliche Erweckungsbewegung heranwuchsen, blieb die
Frage, wer den Bienenkorb regiert, erst einmal dahingestellt.
Jetzt galt der geflochtene Bienenkorb als Sinnbild für Zusammenhalt, Fleiß und Selbstlosigkeit. Die Gewerkschaftsbewe-
gung in England gab die Zeitschrift *The Bee-Hive* heraus, in
Frankreich erschien *La Ruche populaire*. Als die Mormonen sich
in den 1840er-Jahren in dem Gebiet niederließen, aus dem später der Staat Utah entstand, nannten sie es *The State of Deseret*.
»Deseret« ist im Buch Mormon die Honigbiene. Später wurde
aus Utah *The Beehive State* mit einem Bienenkorb als offiziellem
Emblem. 1872 brachte der *Svenska Missionsförbundet* (Schwedischer Missionsverband) die erste Nummer des *Bikupan* heraus,
der Zeitschrift für die Sonntagsschule und das Kind zu Hause.

Der konservative Zeichner George Cruikshank beantwortete den Anspruch der Arbeiterbewegung auf den Bienenkorb als ihr Symbol mit einem Bild, auf dem Großbritannien von Soldaten und Banken getragen wird und an seiner Spitze Königin Victoria steht. Alle waren sich ihres Platzes in der Hierarchie bewusst und waren damit zufrieden.

Die perfekte Monarchie, Gottes Brust, die katholische Kirche, Keuschheit, die Arbeitermacht, das Kaisertum, Zusammenhalt, Sparsamkeit, Fleiß – man könnte meinen, die Möglichkeiten, die Biene und den Bienenstaat symbolisch zu deuten, waren erschöpft, als ein neues Jahrhundert seinen Anfang nahm. Aber 1912 passierte etwas völlig Neues. *Eine* Biene, nicht ein ganzes Bienenvolk, trat als Vorbild und Vorbote der neuen, um das Individuum kreisenden Zeit ins Licht. Sie hieß Maja und war ein Geschöpf Waldemar Bonsels', des Verfassers des Kinderbuchs *Die Biene Maja*.

Diese schlaue, neugierige Biene akzeptiert die Ordnung des Kollektivs nicht und verlässt den Bienenstock, um ein abenteuerliches Leben zu leben, in der weiten Welt und unter anderen Insekten. Als sie jedoch erfährt, das böswillige Hornissen einen Angriff auf den Bienenstock planen, in dem sie aufgewachsen ist, besinnt sie sich auf ihr Zuhause. Sie kehrt zurück, rettet ihr Volk und bleibt, um zu einer geliebten Lehrerin zu werden, die ihre Weisheit und Erfahrung an die jüngere Generation weitergibt. Eine Musterbiene. Selbstständig und zugleich ihren Wurzeln gegenüber zutiefst loyal.

Dass Maja eine biologische Unmöglichkeit ist, konnte den Erfolg des Buchs nicht aufhalten. Es wurde in vierzig Sprachen übersetzt und erschien sogar in einer speziellen Feldausgabe, die die deutschen Soldaten in den Schützengräben des Ersten Weltkriegs bei Laune halten sollte. Bonsels schrieb auch Reisebücher und erotische Erzählungen. Letztere fielen sogar der Bücherverbrennung der Nazis zum Opfer, aber Maja kam

George Cruikshanks Bild von Großbritannien als wohlgeordnetem Bienenkorb mit Königin Victoria und ihrem Hofstaat an der Spitze und dem Bankwesen als Fundament war eine Reaktion auf die Forderungen der Arbeiterbewegung nach gesellschaftlichen Veränderungen.

davon und konnte ihre Popularität in der Hitler-Zeit sogar noch steigern. Trotz der Eigenwilligkeit der Heldin passte die Botschaft des Buchs zur schwärmerischen Heimatliebe der Nazis und ihrem völkischen Denken. Bonsels selbst war überzeugter Antisemit und mit wichtigen Nationalsozialisten freundschaftlich verbunden.

1926 wurde *Maja* verfilmt, ein Dokudrama mit echten Bienen in den Hauptrollen[3]. In den Siebzigerjahren wurde sie erneut zum Filmstar, diesmal in einer animierten japanisch-amerikanischen Produktion unter dem internationalen Künstlernamen *Maya*. Heute ist sie ein Weltstar, allerdings bedeutend memmenhafter als die ursprüngliche Figur. Es gibt sie nicht nur als Film, sondern unter anderem auch als Computerspiel, Puzzle, Partyballon, Plastikspielzeug und singende Schmusepuppe.

Barry in Jerry Seinfelds animiertem *Bee Movie – Das Honigkomplott* von 2007 wiederum ist ein geistiger Bruder von Maja, eine ungezogene Biene, die allmählich lernt, was im Leben wichtig ist. Er möchte, trotz einer guten Ausbildung, nicht in

Die Biene Maya ist mittlerweile ein Weltstar. Ursprünglich hieß sie Maja und war die Heldin des Buchs Die Biene Maja und ihre Abenteuer *von Waldemar Bonsels aus dem Jahr 1912.*

der Honigfabrik des Bienenstocks arbeiten, sondern fliegt in die Welt hinaus, genauer gesagt nach New York. Dort freundet er sich mit der Blumenhändlerin Vanessa an, begleitet sie in ein Lebensmittelgeschäft, entdeckt die Regale mit Honig und erkennt, dass die Bienen bestohlen werden. Sogleich strengt er einen Prozess gegen die Menschheit an und gewinnt. Die Bienen dürfen ihren Honig behalten und müssen nicht mehr arbeiten, was sich allerdings ziemlich bald als sehr langweilig herausstellt. Noch schlimmer ist, dass keine Blüten mehr bestäubt werden. Eine Katastrophe droht, aber Barry gelingt es, das Sammeln von Nektar und damit die Bestäubung wieder in Gang zu bringen. Welch eine Botschaft! Die Welt braucht Bienen, aber auch energische, mutige Individuen, die es wagen, Dinge infrage zu stellen.

Trotz Majas/Mayas individualistischer Botschaften hatte der Bienenstaat als Ganzes als Vorbild nicht ausgedient, zum Beispiel in der Frage, wie ein Unternehmen zu leiten sei. *The Wisdom of Bees* (2010) von Michael O'Malley, Imker und Professor an der Columbia Business School, betont die Dezentralisierung von Entscheidungsfindungen, die Weitsicht, die Arbeitsrotation, die Deutlichkeit, ein funktionierendes Feedback und feste Routinen als inspirierende Schlüssel zum Erfolg. Am wichtigsten sei jedoch, dass *Apis mellifera* stets tue, was für den Bienenstock am besten sei. Genau diese Einstellung werde gebraucht, um ein Unternehmen erfolgreich zu machen.

In *Survival of the Hive* (2013) der Managementexperten Deborah Mackin und Matthew Harrington wird der Bienenstock in leicht humoristischem Ton als lebende Illustration für die Bedeutung klarer Führungsstärke und das Vertrauen in den Erfolg eines Unternehmens dargestellt. Zudem müsse sich der Unternehmenschef vor jeder Entscheidung fragen, ob sie das langfristige Überleben des Ganzen sichere.

Während der Bienenstaat damit zum Vorbild für Organisationen gemacht wurde, die das Ziel des Profitmachens verfolgen, gilt er zugleich als Symbol für das Gegenteil, für das ökologische System, das von der Gier des Menschen so schwer beschädigt wurde. Die Bergleute früherer Generationen nahmen einen Kanarienvogel mit in den Untergrund. Starb er, war das ein Zeichen dafür, dass es dort giftige Gase gab. Die Biene ist der Kanarienvogel der heutigen Zeit.

Aber wie funktioniert ein Bienenvolk *wirklich*? Eine der neuesten Erklärungen stammt von Thomas D. Seeley, einem amerikanischen Bienenforscher, der untersucht hat, wie in einem Bienenschwarm, der sich eine neue Unterkunft aussuchen muss, die Entscheidungen getroffen werden. Seine Schlussfolgerung ist, dass es dabei demokratisch zugeht – und dass wir einiges von den Bienen lernen können. Klingt das bekannt?

In *Honeybee Democracy* von 2010 beschreibt Seeley, was in einem Schwarm geschieht, der den alten Bienenstock verlassen und sich provisorisch niedergelassen hat, beispielsweise an einem Zweig. Einige Hundert der erfahrensten Flugbienen bilden ein Erkundungskomitee, das ausfliegt – bis zu fünf Kilometer in alle Richtungen – und die Hohlräume inspiziert, die sie auf ihrem Weg finden: Schornsteine, alte Baumstämme, Lüf-

Ich bin hungrig, sei nett und pflanze Blumen. Ich hatte 34 582 Kinder. Pestizide haben meine Familie getötet.

tungsschächte, Vogelhäuschen, Felsspalten. Findet eine Späherin einen Ort, der attraktiv erscheint, inspiziert sie ihn mindestens vierzig Minuten lang. Dann kehrt sie zum Schwarm zurück und führt sie auf dem Rücken der anderen Späherinnen einen Tanz auf, der erzählt, was sie gefunden hat, wo es liegt und wie es aussieht. Andere Späherinnen berichten von anderen denkbaren Unterkünften. Diejenigen, die besonders vielversprechend erscheinen, werden von weiteren Bienen besucht, und es wird getanzt und verglichen. Der Auswahlprozess dauert viele Stunden, manchmal Tage, führt aber praktisch immer dazu, dass der Schwarm die beste Unterkunft auswählt.

Was die Methode der Bienen bei der Entscheidungsfindung auszeichne, sei die Tatsache, dass sie ein gemeinsames Ziel hätten, schreibt Seeley. Sie trügen mit unterschiedlichen Erkenntnissen dazu bei, hätten aber dieselben Präferenzen und teilten ihre Erkenntnisse rückhaltlos mit. Es werde kein Druck ausgeübt und die Entscheidung falle mit einer qualifizierten Mehrheit. Es gibt nicht viele beschlussfassende Menschengruppen, die auf dieselbe optimale Weise funktionieren. Thomas D. Seeley verfährt als Direktor des Department of Neurobiology and Behavior der Cornell University nach diesem Muster und ist mit den Ergebnissen zufrieden.

ANMERKUNGEN

1 Bevor Bienenkörbe aus Stroh eingeführt wurden, hielt man die Bienen in ausgehöhlten Baumstämmen, sogenannten Klotzbeuten.
2 Diese Befragung wurde, wie die meisten wichtigen Debatten und Versammlungen in den Revolutionsjahren, von einem Stenografen protokolliert.
3 Einen Auszug aus diesem bemerkenswerten Film kann man auf Youtube sehen: *Die Biene Maja und ihre Abenteuer*.

Umschlag des Notenhefts zu Never Let the Same Bee Sting You Twice *von 1915, ursprünglich ein Song des Bluesgitarristen und Komponisten Richard »Rabbit« Brown. Seltsamer Titel? Wenn eine Biene sticht, wird der Stachel mitsamt einem Teil des Hinterleibs herausgerissen, die Biene stirbt und kann nie wieder stechen. Aber Brown sang nicht von echten Bienen, sondern von käuflichen Frauen. Danach klauten Cecil Mack und Chris Smith den Titel für einen eigenen Song wie später auch die Indie-Band The Veils.*

MAI

*Eine Erinnerung an einen Besuch bei Lennart
und seinen Mädchen*

gefolgt von

*Antworten auf die Fragen, warum Bienen
stechen, wie Bienenstiche zu behandeln sind
und ob Schutzkleidung nötig ist*

ES IST IMMER WIEDER EIN VERGNÜGEN, Lennart Kuylenstierna zu besuchen. Er hat ebenfalls Bienen und wohnt in derselben Straße wie ich. Als ich das letzte Mal dort war, sah ich ihn den Rasen mähen, wie immer perfekt gekleidet mit Jackett, Hemd, Schlips und Leinenhose. Er ist ein Gentleman. Ein Lennart in Hemdsärmeln ist ebenso undenkbar wie ein Lennart im Jogginganzug, mit Jeans oder kurzen Hosen. Oder auch in einem Imkeroverall. Ein Bienenhut ist für ihn, was den Schutz betrifft, das höchste der Gefühle.

Jetzt trug er seinen Hut, und der Schleier war heruntergelassen.

Lennart Kuylenstierna und seine hübschen Bienenstöcke.

»Geh nicht zu nah an die Bienenstöcke heran«, rief er, »meine Mädchen haben heute ganz schreckliche Laune.«

Bevor er den Rasenmäher angeworfen hatte, war er seine Bienenstöcke durchgegangen und hatte ein paar Weiselzellen entfernt. Jetzt waren die Bienen wirklich sauer und flogen bedrohlich um ihn herum. Lennart aber mähte ungerührt weiter. Die Arbeit musste schließlich erledigt werden.

Seine drei Bienenstöcke hat er von den Dominikanerschwestern in Rögle in der Nähe von Lund bekommen. Sie hatten es mit der Imkerei versucht, aber nach ein paar Jahren aufgegeben. Jetzt hat er die Stöcke honiggelb angemalt, die Kanten weiß, und sie mit Namensschildern versehen: BIFROST, VISINGSBORG, DROTTNINGHOLM.

Bifrost? Das war in der nordischen Mythologie die Brücke, die von der Erde zum Himmel führte, nach Asgard, wo die Götter wohnten. Visingsborg – ein Doppelkorb mit zwei Eingängen – hat seinen Namen vom Schloss des Geschlechts Brahe auf der Insel Visingsö, und Drottningholm braucht wohl keine nähere Erklärung. Rings um die Bienenstöcke blüht vom zeitigen Frühling bis zum späten Herbst alles, was Bienen mögen: Salweiden, Winterling, Krokusse, Blausterne, Ginster, Obstbäume, Himbeeren, Lavendel, Oregano, Thymian, Fenchel, Borretsch, Tagetes, Schmetterlingsflieder, Sonnenblumen, Herbstanemonen und Efeu. Eine Biene kann es in Lund kaum besser haben als bei Lennart.

Nachdem er den Rasenmäher ausgeschaltet hatte, setzten wir uns in den Gartenpavillon, um über Bienenangelegenheiten zu reden. Doch kaum hatte er den Schleier gehoben, kam eine Biene herangeschossen und stach ihn mitten in die Stirn.

»Ulla-Stina, wie dumm von dir«, seufzte er.

Und das war es ja auch. Der Stachel einer Biene, die gestochen hat, reißt mitsamt der Giftblase heraus, und die Biene stirbt. Leb wohl, Ulla-Stina. Ich hielt meinen Taschenspiegel hoch, damit er sich den Stachel herausziehen konnte. Dann stand er auf und holte eine Zwiebel, zerschnitt sie mit einem Schweizermesser, wie wahre Gentlemen es immer bei sich tragen, und rieb die Schwellung damit ein.

»Zwiebeln sind das beste Mittel gegen Bienenstiche«, sagte er.

Dann zeigte er auf einen der Bienenstöcke, vor dem die Jungbienen Übungsflüge unternahmen, dass ihre Flügel in der Sonne glänzten.

»Schau dir meine Mädchen an, sind sie nicht bezaubernd?«

Lennart liebt seine Bienen. Hin und wieder ein Stich bedeutet gar nichts.

Warum und wen stechen Bienen?

Schon die alten Römer verwendeten rohe Zwiebeln, um die Schmerzen nach einem Bienenstich zu lindern. Andere Mittel, die empfohlen werden, sind gehackte Petersilie, Honig,

warmer, mit Essig verrührter Kuhdung, zerdrückte Pastina-
kenblätter, gekaute Malve, Ammenmilch verrührt mit Eiweiß
und Rosenwasser, Tabak, Zahncreme, nasser Lehmboden,
Eigenurin, der Urin eines kleinen Jungen, ungebrannter Kalk,
Skorpionöl und Eisklumpen.

Hat man sich eine Weile mit Bienen beschäftigt, fällt einem
auf, dass manche Menschen so gut wie nie gestochen werden,
während andere sich kaum einem Bienenstock nähern können,
ohne direkt von wütenden Bienen angegriffen zu werden. Es
nützt überhaupt nichts, wenn sie sich langsam und vorsichtig
bewegen – eine Grundregel, die jeder Imker aus eigener Erfahrung lernt.

Hat es vielleicht mit dem Geruch zu tun? Schon Aristote-

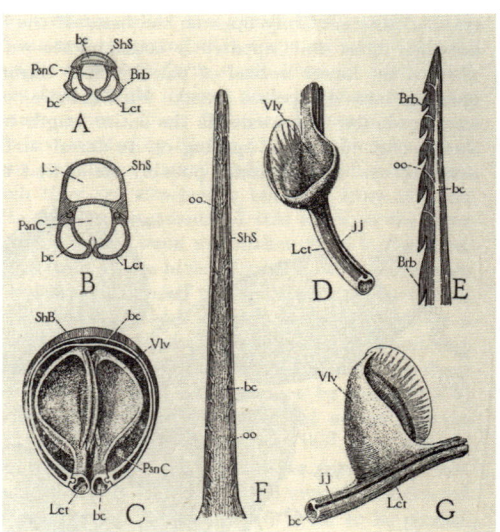

Anatomische Studien zu verschiedenen Details des komplizierten Giftapparats
der Arbeitsbiene. Aus The Anatomy of the Honey Bee *von Robert Evans*
Snodgrass. Über den Stachel selbst schreiben Pehr Gullander und Johan Otto
Hagström 1773, dass »er spitz ist, oben etwas dicker als unten, an der Spitze ist er
gleichsam gespalten und innen hohl, damit der giftige Saft hindurchfließen kann«.

*Holzschnitt aus Olaus Magnus' Historia de gentibus septentrionalibus
(Geschichte der nordischen Völker) von 1555, der zeigt, was Bienen tun, wenn
betrunkene Leute mit stinkendem Atem, »ihr größter Schrecken«, sich ihren
Körben nähern. Sie greifen an! Das Paar auf der Bank könnte auch noch in die
Gefahrenzone kommen, denn laut Olaus Magnus verabscheuen die Bienen auch
diejenigen, die sich gerade der Liebe hingegeben haben.*

les stellte fest, dass Bienen aggressiv werden, wenn sie unangenehmen Gerüchen ausgesetzt sind, aber auch bei Parfüm. Der Römer Columella rät, dass derjenige, der sich einem Bienenstock nähert, weder berauscht noch ungewaschen sein und auch keinen Knoblauch gegessen haben sollte. Darüber hinaus sollte man nicht direkt aus dem Liebesbett kommen. Plinius' Warnliste sieht ähnlich aus, allerdings fügt er noch hinzu, dass Bienen menstruierende Frauen verabscheuten.

Das mit dem Liebesbett und den menstruierenden Frauen klingt seltsam, aber die alten Römer waren keine Moralisten, und bekanntermaßen rochen die Leute, bevor Deos und tägliches Duschen selbstverständlich waren, stärker, vor allem unter besonderen Umständen. Besonders für eine Biene, deren Geruchssinn Hunderte Male so empfindlich ist wie der eines Menschen.

Moralisten waren dagegen die gelehrten christlichen Theologen, die etwa ein Jahrtausend später über die Bienenhaltung schrieben. Sie hatten ihre antiken Autoren ebenfalls studiert und schienen sich mehr auf sie zu verlassen als auf eigene Beobachtungen. Aber sie waren auch fromme Männer, die in allem den Willen des Herrn sahen, sogar in Bienenstichen. Die Stiche waren Gottes erhobener Zeigefinger, der vor einem sündigen Leben warnte. »Willst du mit den Bienen auf gutem Fuß stehen, damit sie dich nicht stechen, musst du Dinge, die ihnen missfallen, vermeiden. Du darfst nicht unkeusch und schmutzig sein, denn Unreinheit und Dreck verabscheuen sie, da sie selbst so überaus keusch und reinlich sind«, schrieb der Priester Charles Butler, der auch der Vater der englischen Imkerei genannt wird. Der schwedische Bischof Olaus Magnus äußerte sich in seiner *Geschichte der nordischen Völker* noch schärfer:

》 Niemals werden sie zu einem derart verbitterten Kampf gegen einen feindlichen Eindringling angetrieben, als wenn es darum geht, den Stachel gegen einen berauschten Menschen mit stinkendem Atem – ihren größten Schrecken – zu richten, der sich ihrem Wohnplatz nähert. (...) Diebe, Kuppler und Frauen, die ihre Monatsreinigung haben, üben auf die Bienen, wenn sie sich ihren Körben nähern, eine höchst reizende Wirkung aus. Ebenso verhält es sich mit jenen, die sich der Liebe hingegeben haben, und solchen, die scharfe und übelriechende Nahrung oder Gepökeltes verschiedener Art verzehrt haben. 《

Im Unterschied zu Olaus Magnus, der in erster Linie antike Autoren plagiiert zu haben scheint, hielt Samuel Linnæus sich an die eigenen Erfahrungen. Sein Rat an alle, die sich ein neues Bienenvolk angeschafft haben, lautet, jeden Abend in das Flugloch zu atmen, damit die Bienen im Korb sich an den Geruch ihres Imkers gewöhnen und sich mit ihm sicher fühlen. In dem Zusammenhang hielt er auch fest, dass »Bienen denjenigen kennen, mit dem sie von Tag zu Tag zu tun haben, und ihn nur ungern stechen, selbst wenn er raucht oder Branntwein trinkt.«

Der Propst hatte vermutlich selbst geraucht und getrunken, bevor er seinen Bienenstand besuchte. Vielleicht liegt es ebenso sehr an den unkontrollierten Bewegungen einer betrunkenen Person wie an ihrem Alkoholgeruch, dass die Bienen gereizt reagieren? Ich selbst habe Imker kennengelernt, die durchaus rauchen und trinken, ohne dass ihre Bienen sich darüber aufregen, aber sie sind, wenn sie mit ihnen arbeiten, natürlich auch vollkommen ruhig.

Linnæus fährt indessen fort: »Frisch verheiratete Leute ertragen sie nicht so gut, selbst wenn sie sie kennen, und auch keine Frauen zu einer bestimmten Zeit.« Hm. »Frisch verheiratet« ist wahrscheinlich eine Umschreibung für das, was heutzutage Sex heißt, eine Sache, vor der Bienenzüchter seit der Antike gewarnt werden, ebenso wie vor menstruierenden Frauen. Beruft sich Linnæus auch hier auf persönliche Beobachtungen? Oder wärmt er nur alte Vorurteile wieder auf? Darüber können wir nur spekulieren.

Der französische Zoologe Réaumur dagegen wischte alle alten Behauptungen über die Stechlust der Bienen vom Tisch. Auch die Warnungen vor Erotik und Menstruation seien Unfug.

» Glaubt man gewissen antiken Autoren, sollte man sich den Bienen nicht nähern, ohne zuvor sein Gewissen erforscht zu haben. Diese Autoren machen uns weis, dass Bienen keine unreinen Personen ertrügen, schon gar nicht, wenn sie Ehebruch begangen hätten, und auch bei Dieben kennen sie vermeintlich keine Gnade. Sie seien tugendhafte Insekten, die die Tugendhaften liebten und wüssten, wie man die einen von den anderen unterscheide. Man hat uns auch versichert, dass es Zeiten gebe, in denen Damen sich den Bienen nicht nähern sollen. Aber alle diese behaupteten Abneigungen sind nur Märchen und Erfindungen. «

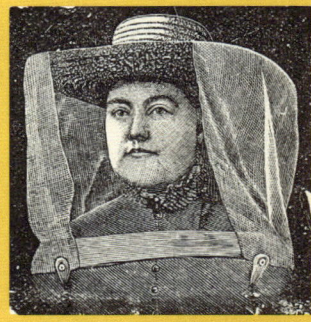

Der früheste Schutz für Imker in Europa bestand aus einem Umhang, der mit einer Kapuze und einem durchsichtigen Stoff oder Netz zum Bedecken des Gesichts versehen war. Am weitesten verbreitet war allerdings ein Hut mit einem Schleier. Heute besitzen die meisten Imker hierzulande nette Buckfast-Bienen, aber in der Regel legen sie trotzdem eine komplette Schutzausrüstung an, in der sie aussehen wie Mondfahrer.

René de Réaumur (1683–1757)

war einer der brillantesten Wissenschaftler der Aufklärung. Unter anderem verfasste er ein gigantisches Werk über die Geschichte der Insekten, *Memoires pour servir à l'histoire des insectes*, dessen fünfter Band unter anderem die Honigbienen behandelt. Ihr Leben hatte er dank der Bienenstöcke aus Glas, die er erfunden hatte, im Detail studieren können.

Das Interesse der Bienen-Autoren an menschlichen Gerüchen erlahmte in dem Maße, in dem die Hygiene verbessert wurde und auch andere Berufsgruppen als Theologen über die Imkerei zu schreiben begannen. Die letzte einigermaßen ausführliche Beschreibung der Bedeutung von Gerüchen habe ich in Åke Hanssons *Bin och Biodling* (Bienen und Imkerei) von 1980 gefunden:

>> Ein ängstlicher Mensch schwitzt, und der Schweißgeruch irritiert die Bienen. Der Imker selbst kann das Schwitzen nicht vermeiden, weil seine Arbeit am Bienenstand oft anstrengend ist, und aus diesem Grund ist eine Schale oder ein Eimer mit Wasser, in dem er sich hin und wieder Gesicht und Hände waschen kann, ein nützliches Ausrüstungsdetail. Auch Alkoholgeruch reizt die Bienen zum Angriff, deshalb sollte man die Arbeit an ihnen nicht unmittelbar nach dem Alkoholverzehr aufnehmen. <<

Wenn die heutigen Bienen-Autoren überhaupt auf Gerüche zu sprechen kommen, warnen sie außer vor Alkohol auch vor duftenden Shampoos und Parfüm.

Schon im 15. Jahrhundert gab es spezielle Schutzausrüstung für Bienenhalter, erzählt Eva Crane, die kenntnisreichste Bienenhistorikerin, obwohl zu jener Zeit gar nicht so viel gebraucht wurde. Die Alltagskleidung, sowohl die für Frauen als auch die für Männer, bedeckte ohnehin den Großteil des Körpers, weshalb eine Haube mit einem Netz zum Schutz des Gesichts und eventuell Handschuhe vollkommen ausreichten. Auf Pieter Bruegels bemerkenswerter Zeichnung aus dem Jahr 1568 tragen die Bienenhüter – oder eher die Bienendiebe – Ganzkörperanzüge mit einer geflochtenen Schutzmaske vor dem Gesicht.

Eva Crane (1912-2007)

Engländerin, promovierte in Atomphysik, wandte sich jedoch nach einer Weile den Bienen und der Bienenhaltung zu. Sie besuchte etwa sechzig Länder, um Material für ihre Bücher und Artikel zu sammeln. Ihre Hauptwerke sind *Bees and Beekeeping* (1990) und *The World History of Beekeeping and Honey Hunting* (1999).

» Wenngleich wir einen Bienenstich nicht für nennenswert erachten, möchten wir praktischerweise doch einen Strohhut mit Stoffschleier empfehlen, den man unter den Kragen stopfen kann. Sich allerdings eine Art Uniform anzuziehen, wenn man zu den Bienen geht, ist lächerlich, und niemand mit einem gewissen Selbstvertrauen wird dies tun. «

Dieses überhebliche Zitat stammt aus dem Jahr 1909 und ist dem *Stora biboken* (Das große Bienenbuch) entnommen. Heute scheint besagte Uniform – der Overall – eher Selbstvertrauen zu verleihen, weist sie den Träger doch als echten Imker aus.

Peter Vingesköld, Imker auf Gotland, gehört zu den glücklichen Menschen, die fast nie gestochen werden, nicht einmal, wenn sie Hochprozentiges getrunken haben, und die deshalb auch keine Schutzkleidung brauchen. Aber als er für eine Zeitschrift abgelichtet werden sollte, protestierte der Fotograf. Man sehe doch gar nicht, dass Peter Imker sei, wenn er nicht weißen Overall, Handschuhe und Schleierhut trüge! Dass er, umgeben von schwirrenden Bienen, zwischen den Bienenstöcken stand, reichte nicht. Schließlich wurde er in seiner normalen Kleidung fotografiert, allerdings weit entfernt von den Bienenstöcken.

WAS TUN SIE DORT?

Die seltsame Zeichnung Pieter Bruegels des Älteren aus den 1560er-Jahren, auf der drei Männer in Imkerkleidung zu sehen sind und dazu eine gewöhnlich gekleidete Gestalt, die auf einem Baum hockt, ist auf ganz unterschiedliche Arten gedeutet worden. Einig ist man sich darüber, dass es sich um ein allegorisches Bild handelt und nicht um eine realistische Darstellung der Bienenhaltung. Was tun die drei merkwürdigen Figuren eigentlich? Eine Theorie besagt, dass das Bild den Kampf zwischen spanischer Inquisition und flämischem Protestantismus behandelt und möglicherweise zeigt, wie die Bienenkörbe – als Symbole der katholischen Kirche – von zwielichtigen Protestanten gestohlen und zerstört werden. Bruegel war schließlich Katholik. Genauso gut kann es aber auch umgekehrt sein: eine versteckte Kritik an der Inquisition.

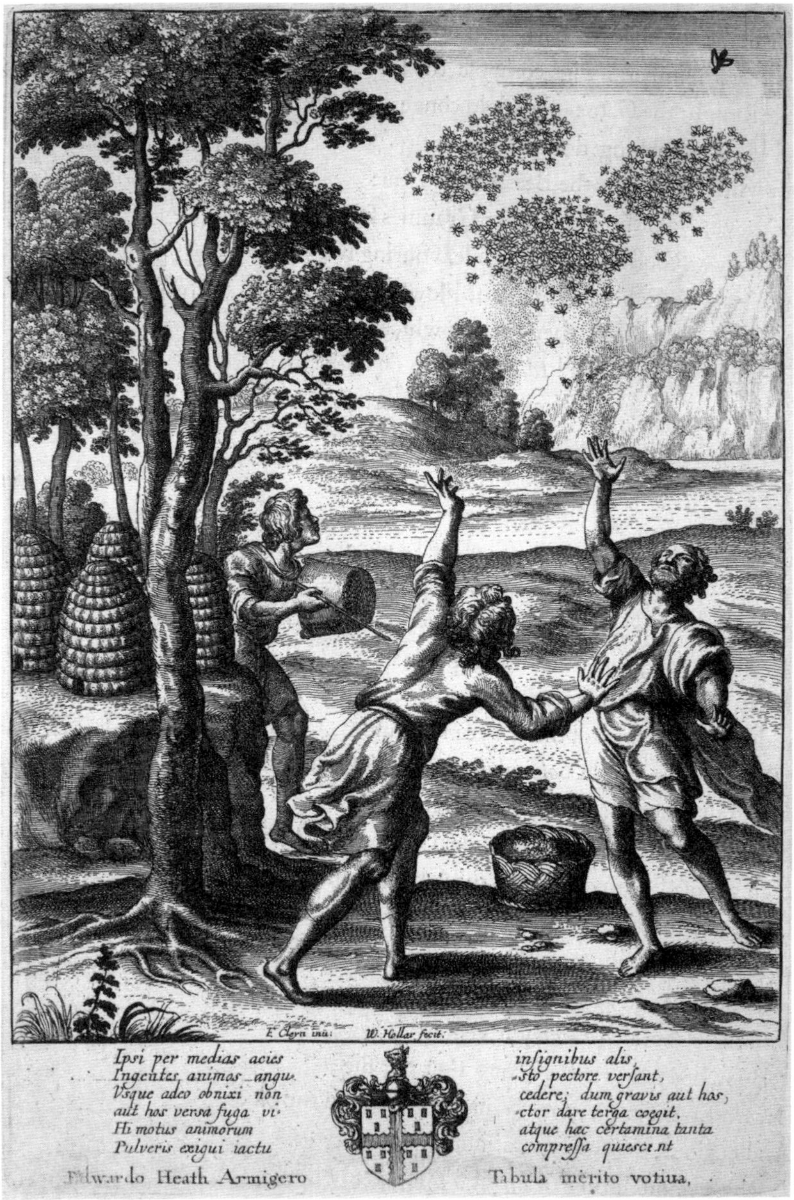
F. Cleyn inu:
W. Hollar fecit.
Ipsi per medias acies inſignibus alis
Ingentes animas angusto pectore verſant,
Vsque adeo obnixi non cedere; dum gravis aut hos,
aut hos versa fuga victor dare terga coegit,
Hi motus animorum atque hæc certamina tanta
Pulveris exigui iactu compreſſa quiescent
Edwardo Heath Armigero Tabula merito votiua,

Seht nur, Schwärme! Eine Illustration zu Vergils Georgica *von Wenzel Hollar, einem böhmischen Kupferstecher des 17. Jahrhunderts.*

JUNI.

*Die Erinnerung an einen Schwarm,
der für Aufregung sorgte*

gefolgt von

*Schilderungen von Streitigkeiten zwischen
Nachbarn und dem, was man in früheren
Zeiten mit Schwärmen anfing*

DIE SCHWARMZEIT IST GEKOMMEN, und jetzt gilt es, bereit zu sein. Ist eine neue Königin geschlüpft, fliegt die alte mit Zehntausenden ihrer Getreuen hinaus, um ein neues Bienenvolk zu gründen. Ein großartiger Anblick, und wie es klingt!

» Sie stürzen sich aus dem Flugloch mit einer Gewalt, als würden sie von einem Orkan herausgeblasen, dann fliegen sie mit lautem Summen ein paar Minuten hin und her und lassen sich schließlich in einer dichten Traube an einem nahe gelegenen Ort nieder, wo sie, wenn der Weisel dabei ist, eine ganze Weile verharren. «

Aus *Nordisk Familjeboks* (Schwedisches Konversationslexikon), 1876–1899

Das Schwärmen, diese Urkraft, ist die Art, wie sich ein Bienenvolk vermehrt. Will man seinen Bienenbestand vergrößern,
sollte man sich vorsorglich einen neuen Bienenkorb besorgen,
die Ausreißer einfangen und in dem neuen Wohnsitz unter-
bringen. Früher pflegte man dessen Innenseite mit Kräutern
einzureiben, damit die Bienen sich willkommen fühlten.

Sucht der Schwarm allerdings das Weite, verliert man nicht
nur ein paar Tausend Arbeitsbienen, sondern auch einige Gläser Honig, die sie als Reiseverpflegung mitnehmen. Deshalb, so
musste ich lernen, sollte man seine Bienenvölker vom Mai bis
in den Juli hinein regelmäßig inspizieren, dafür sorgen, dass sie
genug Platz haben, und die Bruträhmchen herausnehmen und
untersuchen. Ist eine Zelle größer und anders geformt, bedeutet dies, dass sie eine zukünftige Königin beinhaltet. Also her
mit dem Stockmeißel, und weg damit!

Wenn die Bienen allerdings beschlossen haben zu schwär-
men, ist es schwer, sie daran zu hindern. Trotz regelmäßiger
Inspektionen schwärmen sie jede Saison, und fast immer zu
einem ungünstigen Zeitpunkt. Letztes Jahr, ich war gerade aus
Stockholm zurückgekehrt und hatte eine Stunde später einen
Zahnarzttermin, rief mein Nachbar an.

»Du musst sofort kommen! Da sitzt ein Bienenschwarm in
meinem Birnbaum, um den musst du dich kümmern!«

Ich ging hinüber und schaute nach.

»Das sind nicht meine«, log ich. »Es sind Lennarts.«

Lennart ist ziemlich pingelig damit, den Schwarmtrieb
seiner Bienen zu unterdrücken, und dass es seine Mädchen
waren, die dort im Nachbarbaum saßen, war ziemlich unwahr-
scheinlich. Aber die Jungs, die mir sonst immer dabei halfen,
Schwärme einzufangen, waren verreist. Und wie gesagt: der
Zahnarzt.

Der Nachbar schaute mich misstrauisch an. Er ist Bienen
nicht besonders zugetan, zumindest meinen nicht, dabei
müsste er eigentlich dankbar sein dafür, dass sie seine Obst-

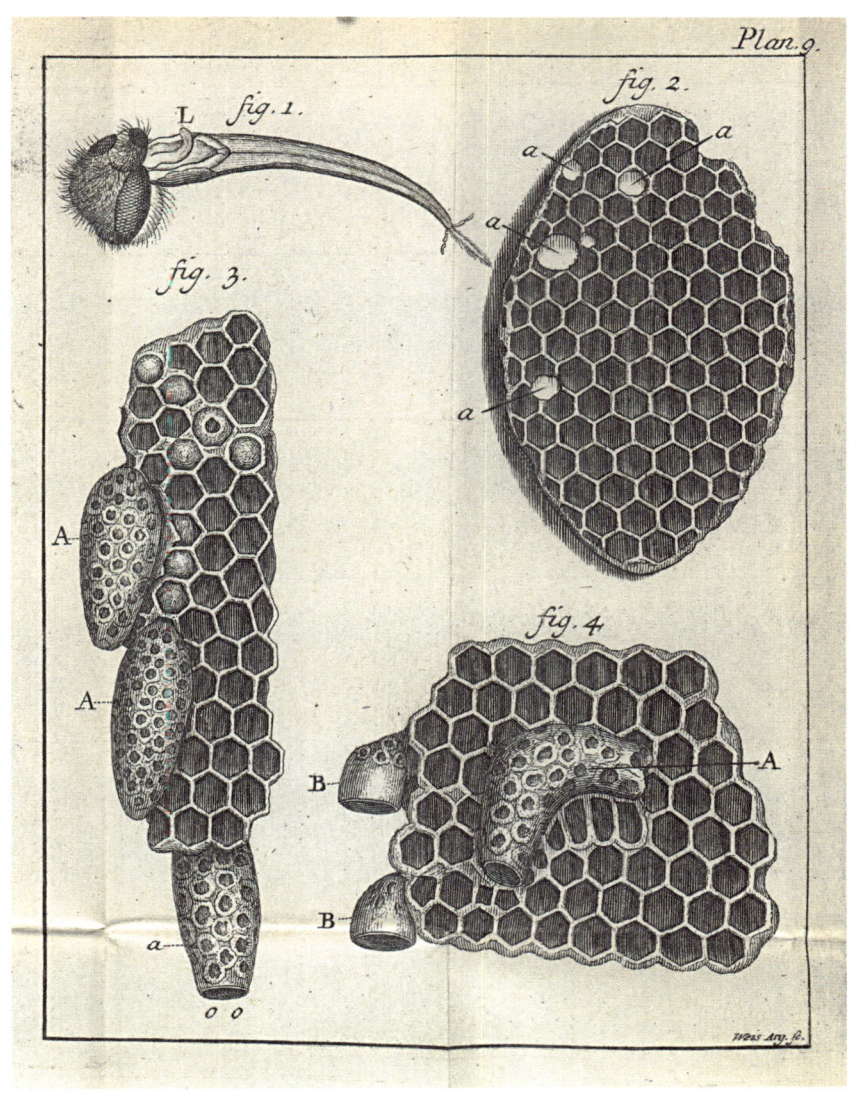

An den beiden unteren Wabenabschnitten sieht man längliche Weiselzellen, deutlich anders geformt als die abgedeckten Arbeitsbienenzellen – die helleren oben an dem Wabenabschnitt mit drei Weiselzellen. Illustration aus Histoire naturelle des abeilles *von Gilles Augustin Bazin, 1744.*

bäume und Beerensträucher bestäuben. Manchmal beklagt er sich darüber, dass sie aus seinem Vogelbad trinken. Es sehe nicht so nett aus, wenn sie am Wasserrand säßen, sagt er. Meinen Vorschlag, ein Schild mit einer durchgestrichenen Biene aufzustellen, schien er nicht lustig zu finden.

Insgesamt steht er meiner Art, mit dem Grundstück umzugehen, sehr kritisch gegenüber. Unter anderem hat er darauf hingewiesen, dass die Ehrenpreissamen von meinem Rasen auf seinen hinüberfliegen. Er betrachtet die Pflanze als Unkraut und hat mir nahegelegt, den Rasen zu besprühen. Ich finde es wunderbar, wenn Ehrenpreis die Rasenfläche hellblau färbt, und mit Giften befasse ich mich ohnehin nicht.

Ein klassischer Nachbarschaftskonflikt. Für die eine Partei geht es darum, die Schönheit von Ordnung und Fleiß gegen Faulheit und Vernachlässigung zu verteidigen, die andere will Leben und Üppigkeit vor Zucht und Kontrolle schützen. Der Nachbar und ich sind zivilisierte Menschen und können, trotz der ideologischen Gegensätze, gesittet miteinander umgehen und sogar angenehme Stunden miteinander verbringen, vor allem, wenn wir schon ein paar Gläser getrunken haben. Aber manchmal brennt die Luft zwischen uns, so auch an jenem Tag.

Glücklicherweise zog der Schwarm nach Süden ab, bevor der Nachbar Lennart anrufen konnte und zu hören bekommen hätte, dass dessen Bienen gewiss nicht geschwärmt seien. Ich war erleichtert, aber zugleich schämte ich mich. Ein guter Imker bleibt in der Schwarmzeit zu Hause und merkt es, wenn die Bienen einen Aufbruch vorbereiten. Ein Schwarm auf der Flucht in einem dicht besiedelten Gebiet kann unschuldige Menschen in Mitleidenschaft ziehen. Irgendwann wird er sich dauerhaft irgendwo niederlassen, und wenn er sich für einen Lüftungsschacht oder einen Hohlraum unter einem Dachziegel entscheidet, kann er jede Menge Ärger verursachen.

Reizbare Nachbarn hat es schon immer gegeben

Schon im alten Rom kam es zu Bienenstreitigkeiten zwischen Nachbarn. In den *Apes pauperis* des römischen Rhetorikers und Anwalts Quintilian (ca. 35–96 n. Chr.) – oder eines seiner Schüler – wird von einem seltsamen Rechtsfall erzählt:

Ein armer und ein reicher Mann waren Nachbarn auf dem Land. Der Reiche hatte Blumen in seinem Garten, der Arme hatte Bienen. Der Reiche beklagte sich darüber, dass seine Blumen unter den Besuchen der Bienen des Armen Schaden nähmen, und verlangte, dass die Bienenstöcke an einem anderen Ort aufgestellt würden. Weil der Arme sie aber nicht wegbrachte, sprühte der Reiche Gift auf seine Blumen. Sämtliche Bienen des armen Manns starben. Nun wurde der Reiche wegen des Schadens, den er verursacht habe, angeklagt.

Schwärmende Bienen greifen Menschen normalerweise nicht an, aber wenn man anfängt, hysterisch mit den Armen zu fuchteln, zu schreien und herumzulaufen, wie es die Picknickgäste auf dem Bild tun, fühlen die Bienen sich bedroht und können gefährlich werden. Aquatinta von George Cruikshank, 1826.

Aus heutiger Perspektive wirkt das verrückt, weil wir mittlerweile von der Bedeutung der Bestäubung wissen. Wie um alles in der Welt sollen die Bienen den Blumen geschadet haben? Aber wir sollten uns in Demut üben. Vieles von dem, was heute vor Gerichten verhandelt wird, wird in zweitausend Jahren vollkommen unbegreiflich sein.

Geht man nach der Zeitungslektüre, scheint es bei den Bienenkonflikten heutiger Tage eher darum zu gehen, dass Nachbarn Angst davor haben, gestochen zu werden – abgesehen von den Bienenexkrementen, von denen auf S. 46 bereits die Rede war.

≫ Der Nachbar eines Imkers, der seine Bienenstöcke an der Ecke Frejgatan/Långgatan aufgestellt hat, hat sich beim Umweltausschuss beschwert. Der Nachbar behauptet, von den Bienen des Imkers gestochen worden zu sein. Der Fall ist im Umweltausschuss diskutiert worden; man hat sich darauf geeinigt, dass der Nachbar viel zu weit von den Bienenstöcken entfernt wohne, als dass die Imkerei an diesem Ort nach geltendem Umweltrecht verboten werden könnte.

›Wir können uns nicht sicher sein, dass es tatsächlich die Bienen des Imkers waren, die gestochen haben. Der Ausschuss kam außerdem zu dem Schluss, dass der Nutzen der Bienenhaltung überwiege. Wenn wir keine Bienen haben, gedeiht auch die Vegetation nicht‹, betont der Ausschussvorsitzende Lennart Rydberg. ≪

Helsingborgs Dagblad, 5.8.2003

Was für ein kluger Umweltpolitiker! Außerdem waren es vermutlich keine Bienen, sondern Wespen, die den Nachbarn gestochen haben. Feldbienen sind vollauf damit beschäftigt, Nektar und Pollen zu sammeln, und haben gar keinen Grund, auf Menschen loszugehen, es sei denn, sie fühlen sich bedroht.

≫ Im März dieses Jahres stellte ein Eigenheimbesitzer in Everöd auf seinem Grundstück zwei Bienenstöcke auf. Er hatte sich im Voraus darüber informieren wollen, welche Regeln für die Bienenhaltung gelten, und herausgefunden, dass es keine klaren Regeln dafür gibt. Er hielt die Umgebung für offen genug, um auf seinem Grundstück Bienenkörbe aufstellen zu können, ohne jemandem zur Last zu fallen. Die Nachbarn vertraten jedoch eine andere Ansicht. Kurz nachdem er seine Bienenstöcke aufgestellt hatte, schickten sie eine Beschwerde an die Umwelt- und Gesundheitsbehörde. Der Hausbesitzer wurde über die Klage informiert und darauf hingewiesen, dass er mit einer Aufsichtsmaßnahme zu rechnen habe, mit der die Umwelt- und Gesundheitsbehörde feststellen könne, ob die Beschwerde berechtigt sei. Sei dies der Fall, würden ihm die Kosten der Aufsichtsmaßnahme in Rechnung gestellt. Der Hausbesitzer war nach wie vor der Ansicht, dass er keinen Fehler begangen habe, und wollte die Bienenstöcke nicht entfernen. Daraufhin wurde die Aufsichtsmaßnahme durchgeführt, und nach mehreren Besuchen wurde festgestellt, dass die Bienen eine Störung für die Nachbarn darstellten. Zum einen wurde die Umgebung als zu dicht besiedelt beurteilt, zum anderen machten die Nachbarn geltend, dass sie gegen Bienen allergisch seien. Daraufhin baute der Hausbesitzer seine Bienenstöcke ab. Ein paar Wochen später erhielt er von der Umwelt- und Gesundheitsbehörde eine Rechnung über 3200 Kronen: die Kosten für die Aufsichtsmaßnahme. «

Kristianstadsbladet, 28.7.2012

Schändlich. Ich vermute, die Nachbarn unterhielten gute private Verbindungen zum Umweltdezernenten der Stadt.

Was Bienen zwischen Nachbarn alles auslösen können, geht auch aus einem Urteil des Boden- und Umweltgerichts in Växjö aus dem Jahr 2005 hervor. Der Umweltausschuss von Helsingborg hatte beschlossen, dass ein Imker aufgrund der Beschwerde eines Nachbarn die Zahl seiner Bienenvölker auf drei zu beschränken hätte. Außerdem sollten diese mindestens fünf Meter von der Grundstücksgrenze entfernt aufgestellt werden. Der Imker focht die Entscheidung bei der Bezirksregierung an, und die hob den Beschluss auf. Der Nachbar aber ließ nicht locker und klagte bei der nächsten Instanz. Hier ein Auszug aus dem Urteil des Boden- und Umweltgerichts:

» Der Nachbar hat u. a. Folgendes angeführt. Der Gegenstand des Verfahrens sei nicht (...) eine sanitäre Beeinträchtigung. Entscheidend seien der psychische Faktor und dessen schädliche Auswirkungen auf die Gesundheit des Menschen. Die Bienen seien von März bis November aktiv, 75% des Jahres. Weil die Imkerei [des Imkers] eine reine Freizeitbeschäftigung darstelle, halte [der Nachbar] es für begründet, die Anzahl der Bienenstöcke auf drei zu beschränken. Die Nachbarn seien sich bewusst, dass Bienen Nutztiere und wichtig für die Bestäubung seien. Deshalb hätten sie[1] niemals verlangt, dass [der Imker] mit seinem Hobby ganz aufhören solle. Eine Platzierung der Bienenstöcke nach dem Vorschlag [des Imkers] stelle jedoch eine Katastrophe für ihre Kinder dar. Allein das summende Geräusch, das von der anderen Seite des Lattenzauns zu hören sei, beunruhige die Kinder dermaßen, dass sie nicht mehr freiwillig in den Garten gingen. Es könne nicht rechtens sein, dass die Kinder psychisch darunter zu leiden hätten. Sie sollten sich in ihrem eigenen Garten aufhalten dürfen. «

Aber das Boden- und Umweltgericht befand die Maßnahmen, die der Imker ergriffen hatte, »indem er die Flügel der Königinnen stutzte[2], Bambus und Weiden pflanzte, einen Lattenzaun und Netze aufbaute, um die Flughöhe zu erhöhen, die Bienenstöcke umstellte, sodass die Fluglöcher und damit die Einflugschneisen nach Norden und Süden gerichtet waren«, für völlig ausreichend. Die Klage wurde abgewiesen.

Früher war ein Bienenschwarm eine viel größere Kostbarkeit als heute. In *Kristofers landslag* (Landrecht König Christophs von Bayern) aus dem Jahr 1442 wird festgesetzt, dass der Diebstahl von Bienen mit Erhängen bestraft werden soll, und die alten Landschaftsrechte legen fest, wer das Recht auf einen Bienenschwarm hatte, der Finder oder der Grundbesitzer. So selt-

*Alle Mann aus dem Haus! War ein Bienenschwarm ausgeflogen, galt es,
so viel Lärm zu machen wie möglich. Kupferstich von Jan van der Straet
aus dem 16. Jahrhundert.*

sam es auch klingen mag, noch heute gelten die Bestimmungen
des Landwirtschaftsrechts von 1736, die dem Finder ein Drittel
und dem Grundbesitzer den Rest zusprechen.

Als der Volkskundler Albert Sandklef zu Beginn der 1940er-
Jahre in diese Richtung forschte, schien keiner der Befragten
dieses Gesetz zu kennen. »Ich habe diese Frage Bienenhaltern
in Schonen, Halland, Småland und Västergötland gestellt, und
alle Befragten haben im Grunde die gleiche Antwort gegeben: Der Grundbesitzer und der Finder bekommen jeweils die
Hälfte.« Heute dürfte kein einziger Grundbesitzer seinen Anspruch auf gefundene Bienen mehr geltend machen. Wenn
einer sich um sie kümmert, kann man sich nur bedanken.

Früher gehörte dazu, dass viel Lärm gemacht wurde, wenn ein Schwarm ausgeflogen war. Man hämmerte auf Topfdeckel, läutete Glocken, klatschte in die Hände und johlte. Man glaubte, dass der Schwarm sich dann schneller zusammenballen werde. Aber warum? Der Römer Columella meinte, die Bienen würden von dem Lärm erschreckt, aber laut Plinius mochten sie das Geräusch und beruhigten sich eher deswegen. Am längsten überlebt hat die Erklärung des Plinius.

»Wenn du siehst, dass sie in großer Zahl herauszukommen beginnen, dann nimm ein Becken, eine kleine Glocke, Schelle oder ein Schlaginstrument, und spiele sanft darauf unter einem Wacholderzweig, denn dank des lieblichen Klangs versammeln sie sich und lassen sich darauf nieder«, schrieb Isaac Erici Mitte des 17. Jahrhunderts. Sowohl in schwedischen als auch in dänischen volkskundlichen Archiven finden sich Aufzeichnungen, denen zufolge sich die Bienen, wenn man auf eine Glocke schlägt oder ein Instrument spielt, versammeln, um die Töne zu genießen.

In der Zeit der Aufklärung, als beinahe alles mit kritischen Augen betrachtet wurde, stellte man auch dies infrage. »Diese Art von Höllenlärm, den man auf dem Land veranstaltet, indem man auf Töpfe und Kupferkessel schlägt, scheint die Bienen eher zu vertreiben, als sie zur Sammlung zu bewegen, denn Bienen mögen keinen Krach. Man weiß nicht, wann diese lächerliche und abergläubische Sitte entstand, aber sie geht weit in die Antike zurück«, heißt es in Diderots *Encyclopédie*. Samuel Linnæus stellte fest, dass kein Geklingel von Glocken, Mörsern oder Ähnlichem gebraucht werden solle, wenn die Bienen schwärmten. Das Wichtige sei, dem Schwarm einen Platz zu geben und ihm nicht im Wege zu stehen.

Im 18. Jahrhundert gab es allerdings nicht viele Bienenhalter, die gelesen hätten, was in den Büchern stand. Man lernte das Handwerk von den Älteren, und es dauerte lange, bis sich Gewohnheiten änderten. Bis ins 20. Jahrhundert kam es vor, dass man, wenn die Bienen schwärmten, mit Schellen klingelte oder auf Topfdeckel schlug. Der Genremaler Carl Gustaf Bernhardson schrieb in den 1930er-Jahren aus Skaftö, dass »ein Mann herumläuft und mit einer Glocke klingelt, damit ein umherfliegender Bienenschwarm sich niederlässt und nicht davonfliegt«.

Eine dritte Erklärung stammt von dem klugen Hans Herwigk: Der Lärm unterrichte die Umgebung darüber, dass ein Schwarm unterwegs sei. »Es wird oft erwartet, dass man auf ein Fass schlägt, wenn die Bienen schwärmen, denn in mancher Siedlung wohnt nicht nur einer, der Bienen hält, sondern es sind mehrere. Wenn die Bienen nun in den Garten eines anderen fliegen und der Besitzer auf ein Fass geschlagen hat, kann der andere nicht behaupten, dass es seine Bienen seien.«

Das klingt doch vernünftig. Menschen können hören, während den Bienen ein akustisches Organ fehlt. Auf der anderen Seite sind sie sehr empfänglich für Vibrationen, und es muss schon ordentlich vibriert haben, wenn die Leute auf Metallgegenstände schlugen und mit Schellen klingelten.

Auf Englisch heißt es *tanging bees*, und im Internet finden sich mehrere Aussagen – überwiegend von amerikanischen alternativen Imkern –, denen zufolge es funktioniert. Ein Schwarm, heißt es da, habe sich sogar versammelt, obwohl man nichts anderes zur Hand gehabt habe als einen Plastikeimer und eine Plastikschaufel zum Trommeln. Durch *tanging* sei ein Schwarm sogar dazu zu bewegen, in den Bienenstock zurückzukehren. Was soll man glauben? Man muss es wohl einfach ausprobieren.

ANMERKUNGEN

1 Im Urteil wird die klagende Partei mal in der Einzahl, mal in der Mehrzahl erwähnt.
2 Die Flügel werden gestutzt, damit die alte Königin nicht fliegen und die Bienen als Schwarm mitnehmen kann. Schon die alten Römer haben diese Methode praktiziert.

Der Kaufmann in Hawnby zeigt Karin seine Bienenstöcke, ikonische britische WBC-Modelle von 1890, die schwer zu bauen und unpraktisch, wegen ihres Aussehens aber heiß geliebt waren. Manch einer nennt sie auch viktorianische Monstren. Typisch englisch eben.

JULI

Die Erinnerung an eine Wanderung in Yorkshire

gefolgt von

einem Vergleich von Heidehonig mit Kastanienhonig

GEMEINSAM MIT MEINER norwegischstämmigen Freundin Karin Nihlén wandere ich *The Cleveland Way* durch Yorkshire. Wir gehen durch üppig grüne Täler, durch Dörfer, in denen die Häuser von Kletterrosen umrankt sind, und hinauf in die Heide, wo die Schafe blöken und die Kiebitze jammern.

Es ist eine herrliche Gegend, aber es regnet viel, und manchmal senkt sich Nebel auf die Landschaft. Herrscht zu Hause auch solches Wetter? Wenn es in Lund ebenfalls regnet, kann der Ertrag an Lindenhonig leiden. Ich muss anrufen und fragen.

Karin, die keine Bienen hat, um die sie sich Sorgen machen müsste, denkt an ihr geliebtes sonniges Italien, wo sie sich von dem Geld, das sie von ihrer Mutter geerbt hat, ein Haus kaufen möchte. Sie ist nicht so anglophil wie ich, und die Wanderung in Yorkshire ist für sie vor allem eine Gelegenheit, ein paar Tage lang über den möglichen Hauskauf nachzudenken. Ständig vergleicht sie England mit Italien, und es geht immer zugunsten von Italien aus.

Ich weise im Gegenzug beispielsweise darauf hin, wie unmöglich die Italiener sein können – ganz anders als die hilfsbereiten Engländer. Beherrscht man die Sprache nicht, kommt man in Italien nicht weit. Als Journalistin habe ich dort keine guten Erfahrungen gemacht. Karin, die fließend Italienisch spricht, erwidert, dass die Italiener wunderbar kochen können – im Gegensatz zu gewissen anderen Völkern. So kabbeln wir uns die ganze Zeit und amüsieren uns prächtig dabei.

Am Nachmittag des dritten Tags ist der Nebel so dicht, dass wir unseren Wanderweg nicht mehr sehen. Nachdem wir auf Pfaden herumgeirrt sind, die Schafe getrampelt haben und die nicht auf der Karte verzeichnet sind, erreichen wir schließlich das kleine Dorf Hawnby. Im Kolonialwarengeschäft fragen wir, wo wir wohl übernachten könnten.

»Sie können hierbleiben«, sagt die Frau des Kolonialwarenhändlers, »wir haben ein freies Zimmer unter dem Dach. Mein Mann begleitet Sie nach oben.«

Er erscheint aus den hinteren Regionen seines Geschäfts. Wir stellen uns vor, und Mr und Mrs Banks fragen, woher wir kommen.

»*From Norway*«, sagt Karin, obwohl sie seit dreißig Jahren in Schweden wohnt.

Ich nicke. Ich war früher schon einmal mit norwegischen Freunden in England und habe gemerkt, wie herzlich sie hier begrüßt werden. Engländer sind den meisten Touristen gegenüber höflich, aber es ist noch etwas ganz anderes, wenn diese aus Norwegen kommen. Das hat mit dem Zweiten Weltkrieg zu tun. Die Engländer leben in der kollektiven Erinnerung, dass die Norweger tapferen Widerstand gegen die deutsche Besat-

Keine Bienen zu sehen im Yorkshire-Nebel.

zung geleistet haben. Die Schweden dagegen waren schlapp und haben deutsche Truppentransporte durch ihr Land nach Norwegen und zurück zugelassen. In einem Dokument, das an die britische Militärführung gerichtet war, erwähnte Churchill 1945 den »kalkulierten Eigennutz, der die Schweden während beider Kriege gegen Deutschland ausgezeichnet hat«.

Es macht doch bestimmt nichts aus, wenn unsere Gastgeber glauben, dass auch ich aus Norwegen komme?

Wir ziehen uns trockene Sachen an, und als wir wieder nach unten kommen, stehen Tee und Scones auf dem Tisch und es brennt ein gemütliches Holzkohlefeuer. Wunderbares England. Ich spreche es nicht aus, aber ich habe den Eindruck, dass auch Karin sich in ihrem Sessel wohlfühlt.

»Sie hätten im August kommen sollen«, sagt Mrs Banks, als wir uns für die Verpflegung bedanken. »Dann regnet es nicht so viel, und es sieht herrlich aus, wenn die Heide blüht.«

»Heide!« Schon sind meine Gedanken wieder bei den Bienen. Heidehonig ist bernsteingelb und schmeckt ausgezeichnet. »Gibt es hier in der Gegend einen Imker, mit dem wir uns bekannt machen könnten?«

»Gewiss«, sagt sie. »Mein Mann ist gerade zu seinen Bienenstöcken gegangen, gleich auf der anderen Seite der Straße.«

Karin begleitet mich, obwohl Bienen sie nicht interessieren. Aber sie hat nichts dagegen, den Händler noch einmal zu treffen. Ein wirklich charmanter Mann, das haben wir beide bemerkt.

In den Fluglöchern herrscht Hochbetrieb. Trotz des Wetters gibt es viel zu holen. Der Weißklee blüht, und er braucht Feuchtigkeit, um seinen Nektar herzugeben, wie Mr Banks erklärt.

»Kleehonig ist lecker«, sagt er, »aber nicht so lecker wie Heidehonig. Den biete ich direkt in den Waben an, und die Leute kommen sogar aus York, um ihn hier zu kaufen.«

Aber als ich die Kamera zücke, fängt er schrecklich an zu schauspielern. Er setzt den Imkerhut schräg auf, gibt Karin den Smoker und hebt das Dach von einem der Stöcke.

»*Give them some smoke!*«

Sie erschrickt. Dieser Verrückte lässt doch wohl nicht seine Bienen auf sie los?

Natürlich nicht. Fast alle Imker sind nette, angenehme Menschen, zumindest jeder für sich. Aber ein so fideles Haus wie *the grocer* in Hawnby habe ich noch nie erlebt, und ebenso wenig jemanden, dessen Bienenstöcke einen neuen Anstrich so nötig gehabt hätten. Hier in England legt man eben, anders als bei uns in Schweden, nicht so viel Wert darauf, dass alles tipptopp aussieht. Stattdessen herrscht hier eine Gemütlichkeit, auf die man bei uns selten stößt.

Am nächsten Morgen wird uns ein echtes englisches Breakfast serviert, mit allem, was dazugehört. Aber Karin möchte lieber einen Espresso und Cornetti. Sie will weder Eier noch Speck, gebratene Pilze, gebratene Tomaten oder kleine Würstchen. Um Mrs Banks nicht zu kränken, zwingt sie mich, auch ihren Teller weitgehend leer zu essen. Währenddessen knabbert sie an einer gerösteten Brotscheibe und hilft dem ihrer Ansicht nach sinnlosen Kaffee mit mehreren Esslöffeln mitgebrachten Espressopulvers auf die Sprünge.

Nach einer Weile wandern wir weiter. Der Nebel hat sich aufgelöst, und die Sonne kommt durch. Plötzlich sagt Karin, sie sei fertig mit Nachdenken. Sie wird ein Haus in Italien kaufen! Das muss gefeiert werden, und im nächsten Dorf gehen wir in den Pub und bestellen zwei Gläser Weißwein. Er schmeckt sauer und seltsam. Schlicht und ergreifend untrinkbar. Karin seufzt. Diese Engländer.

»*Where does this wine come from?*«, fragt sie mit kaum verhohlenem Groll.

Das Mädchen hinter dem Tresen, das es sicherlich eher gewohnt ist, für die Leute aus der Gegend Bier zu zapfen, als ausländischen Damen mit Wanderstiefeln und Rucksack Wein zu servieren, antwortet verdattert:

»*It comes from a bottle.*«

Karin stöhnt. So dumme Antworten bekommt man in italienischen Trattorien nicht.

»Und dort bekommt man auch Kastanienhonig, der sehr viel besser schmeckt als Heidehonig«, sagt sie.

Heidemensch oder Kastanienmensch?

Jetzt habe ich endlich italienischen Kastanienhonig probiert – aus echter Kastanie, nicht Rosskastanie –, und es stimmt mich besonders traurig, weil Karin nicht mehr unter den Lebenden ist. Es hätte sie gefreut, dass ich seinen Geschmack ganz vorzüglich finde. Er ist würzig, leicht bitter und definitiv nicht einschmeichelnd. Wie Karin. Ich träufle ihn auf ein Stück *pecorino toscano* und vermisse sie.

Im Internet lese ich, dass Kastanienhonig – den es auch in

Frankreich, Spanien, Griechenland und anderen südlichen Ländern gibt – dank seines hohen Gehalts an Antioxidantien den Alterungsprozess verzögert. Er hilft gegen Müdigkeit, heilt Akne, stärkt Muskeln und Immunkräfte, verbessert Blutzirkulation und Verdauung und vieles mehr.

Aber wenn man dem Netz glauben darf, ist der Heidehonig kein bisschen schlechter. Er hilft gegen Rheuma und Erfrierungen, Harnwegsinfektionen, Blutarmut, Burn-out, Regelschmerzen, Nierenschwäche und Osteoporose. Ein eher gedämpftes, aber trotzdem positives Ergebnis liefert eine Studie, die das Karolinska-Institut im Jahr 2006 durchgeführt hat. Es besagt, dass Heidehonig der schwedische Honig ist, der über die besten antibakteriellen Eigenschaften verfügt.

Aber nicht alle schätzen ihn. »Ist die Blüte bitter, so wird es auch der Honig. Heide und Buchweizen ergeben immer einen strengen Honig, sodass man da, wo diese Pflanzen in großer Menge vorkommen, keinen guten und wohlschmeckenden Honig erzeugen kann«, heißt es in einem Bericht an die Akademie der Wissenschaften von 1773. »Heidehonig ist von brauner Farbe und rangiert in Geschmack und Wert weit unter gewöhnlichem Honig«, schrieb der Kantor P. Joh. Gerner in seinem weitverbreiteten Imkerhandbuch von 1881. Jemand, der den Heidehonig liebte, allerdings nur von einer bestimmten Sorte, war James Bond. In *Liebesgrüße aus Moskau* beschreibt er sein Lieblingsfrühstück: starker Kaffee, ein gekochtes Ei, geröstetes Brot, Orangenmarmelade von Cooper's, Erdbeermarmelade von Tiptree sowie norwegischer Heidehonig aus dem altehrwürdigen Kaufhaus Fortnum & Mason. Norwegisch! Das hätte Karin gefreut.

Aber norwegischer Kastanienhonig wäre natürlich noch besser gewesen.

Heidekraut (Calluna vulcaris).

Honig aus Heide, Calluna vulgaris, *wird von manchen geliebt, von anderen verschmäht.*

DER GESCHMACK DARF
ENTSCHEIDEN

In der Ausgabe vom März 1914 der *Bitidningen* (Die Bienenzeitung) finden sich sowohl ein Leserbrief über den Heidehonig als auch eine wohl abgewogene Antwort darauf.

» Als der Unterzeichner während der langen Weihnachtsabende die Bienenliteratur studierte, stach ihm ein Satz in die Augen, der besagte, dass der Heidehonig das beste Süßungsmittel der Welt sei. Bis dahin hatte ich immer gehört, dass dieser Honig dem hellen in jeder Beziehung unterlegen sei. Das brachte mich auf die Idee, in der zugänglichen Literatur nach der herrschenden Meinung zu dieser Frage zu forschen.

In Amerika scheint es keine Heide zu geben, denn alle dortigen Verfasser schweigen über dieses Gewächs. Dagegen scheinen alle englischen Autoren den Heidehonig zu preisen. Einer schreibt: ›Die Schotten sind alle der Meinung – und wollen von anderem Honig als dem Heidehonig gar nichts hören –, dass der von der Glockenheide gut ist, der von der normalen Heide aber unendlich viel besser.‹ In einer anderen Arbeit, die von einem der angesehensten Honigexperten Englands stammt, heißt es: ›Der Heidehonig ist eine der feinsten Honigsorten, und derjenige, der von *Calluna vulgaris* stammt, ist der beste.‹

Die englischen Feinschmecker scheinen den Heidehonig also durchgehend als etwas Herausragendes zu betrachten. Da wir auf der schonischen Ebene keinen solchen Honig haben, würde es mich sehr interessieren, wie in unserem Land die verbreitete Meinung dazu lautet, besonders bei jenen, die sowohl diese als auch andere Honigsorten erzeugen. «

J. Byman

Die Antwort des Redakteurs:

» Es dürfte nicht leicht zu entscheiden sein, ob Honig, der von einer bestimmten Pflanze geholt wird, besser sei als eine andere Sorte. Viele orientieren sich an der Farbe und lassen das Auge die Ware beurteilen. In einer solchen Bewertung dürfte die helle, lebendig gelb leuchtende Farbe den Vorzug bekommen. Andere beurteilen den Honig nach seiner medizinischen Wirkung; in diesem Fall dürfte der Heidehonig die Führung übernehmen. Geht es allerdings darum, den Honig als Nahrungsmittel und allein nach dem Geschmack zu bewerten, so dürften die Urteile sehr unterschiedlich ausfallen. Es gibt Leute, die können keinen Heidehonig zu sich nehmen. Andere kaufen Jahr für Jahr ausschließlich Heidehonig, fragen allein danach und wollen sich, falls kein Heidehonig zu bekommen ist, mit keinem anderen Honig zufriedengeben. «

Heather Bee, eine Radierung von Laney Birkhead, einer imkernden Künstlerin aus Yorkshire. Durch ihr spannendes »swarm project« möchte sie die Situation der bedrohten Honigbiene ins Bewusstsein bringen.

Wie ein Honig schmeckt, riecht und welche Farbe und Konsistenz er hat, hängt davon ab, aus welchen Blüten der Nektar stammt, der später verarbeitet und in den Waben gelagert wird. Um einen Sortenhonig zu bekommen, das heißt, einen Honig nur von einer bestimmten Blüte, zum Beispiel der Lindenblüte, entnimmt man den Honig direkt, sobald die Blütezeit der fraglichen Pflanze beendet ist. Voraussetzung dafür ist natürlich, dass es in der Umgebung reichlich Linden gibt.

AUGUST

&

*Eine Erinnerung an eine Honigprobe
und einen Honigvortrag*

gefolgt von

einer Beschreibung der heutigen Honigpanscherei

D ER SÜDSCHWEDISCHE IMKERVEREIN, SSBF,
hielt im Café Sjöhusgården in Eslöv seine Jahreshauptversammlung ab. Jedes Mitglied hatte ein
Glas des diesjährigen Honigs mitgebracht, der
von den drei Verkostern des Vereins je nach Geschmack, Konsistenz, Farbe, Reinheit und weiteren Eigenschaften mit einer
Punktewertung versehen werden sollte. Leider hatte sich nur
einer von den dreien eingefunden.

»Die anderen sind wohl irgendwohin ausgeschwärmt«,
sagte der Vorsitzende Elof Nilsson, der von Igelösa mit seinem
Moped angeknattert gekommen war.

Jetzt durfte der Vorstand dem regulären Honigverkoster
Malte Persson beistehen. Weil es ein besonders warmer Tag
war, saßen wir im Schatten einer großen Buche. Unsere Schatz-
meisterin Inga Larsson gab jedem von uns einen Löffel Honig.

Elof Nilsson, Vorsitzender des Südschwedischen Imkervereins, probiert
Malte Perssons Honig. Ist er ausreichend
gefiltert? Bis zum Ende des 20.
Jahrhunderts war man weithin davon
überzeugt, dass man den Honig von
sämtlichem Blütenstaub – Pollen –
befreien könne, indem man ihn filtert.
Doch es hat sich herausgestellt, dass
dies nicht möglich ist, es sei denn,
man verwendet einen anspruchsvollen
Hochdruckfilter. Andererseits gilt es
nicht mehr als Fehler, wenn Honig Pollen
enthält. Pollen ist schließlich gesund.
Mittlerweile wird sogar Honig verkauft,
dem Pollen extra zugesetzt wurde.

»Ein erstklassiger Honig«, sagt Knud Madsen, während die anderen Verkoster eher
skeptisch scheinen. Handelt es sich vielleicht um seinen eigenen Honig? Bei den Dänen
mit ihrem speziellen Humor weiß man nie.

»Dieses Glas bekommt nicht die volle Punktzahl«, sagte Malte, »es befindet sich zu viel Pollen darin.«

Wir anderen fanden den Honig ausreichend gefiltert, aber Malte war stur.

»Das ist mein eigener Honig, also weiß ich, was daran verkehrt ist!«

Das eine oder andere Pollenkorn spielt wohl keine Rolle, könnte man meinen, zumal Pollen so gesund sein soll. Ich habe einmal Gösta Carlsson interviewt, den man den Pollenkönig nannte und der zum Millionär geworden war, weil er eine Methode entwickelt hatte, den Blütenstaub in großen Mengen direkt auf den Feldern einzusammeln. Laut eigener Aussage hatte er dazu Anweisungen befolgt, die ihm ein paar Außerirdische gegeben hatten; sie seien ihm auf einer Waldlichtung in der Nähe von Ängelholm begegnet, wo sie mit ihrem UFO hätten notlanden müssen. Diesen Pollen stopfte seine Firma, Cernelle, in Nährkapseln oder Präparate gegen das Altern, in Kosmetika, Wundsalben und Zahnpasta. Die Millionen, die er damit verdiente, steckte er unter anderem in den Bau einer Eishalle, den dazugehörigen Eishockeyclub, Rögle BK, und in Rohdiamanten aus Amsterdam. Die schliff er dann in der Werkstatt, die er in seinem Keller hatte. Ein seltsamer Mann.

Doch ganz egal, wie gesund Pollen sein mag, nach den Regeln des SSBF darf es in einem Honigglas nichts anderes geben als reinen Honig, und Maltes Honig bekam nicht die volle Punktzahl.

Als die Tagesordnung abgehandelt und der amtierende Vorstand bestätigt worden war, hielt Erik Lassing, Lehrer und einer der Gründer des Vereins, einen Vortrag über Panscherei in der Honigbranche. Schon Olaus Magnus habe im 16. Jahrhundert vor importiertem, von gerissenen ausländischen Kaufleuten verschnittenem Honig gewarnt, erzählte er, und dieser Unfug habe sich seit jener Zeit immer fortgesetzt.

»Gepanschter und falscher Honig sind alles andere als selten. Die plumpe Panscherei vergangener Zeiten mit Mehl, Stärke, Dextrin, Rohrzucker, Zuckermelasse und so weiter dürfte nur noch selten vorkommen, da sie mit unseren Instrumenten leicht zu entdecken ist. Schwerer nachzuweisen sind dagegen Stärkezucker (Glukose) und geschickt hergestellter Invertzucker.« (Nordisk Familjeboks, 2. Aufl., 1904–1926)

Doch auch Schweden können gerissen sein. Während des Zweiten Weltkriegs war der Zucker rationiert, aber wenn man Bienen hatte, bekam man Sonderzuteilungen. Die sogenannten Zuckerimker besorgten sich leere Bienenkörbe, als deren Besitzer sie sich registrieren ließen, um den zusätzlichen Zucker zu bekommen, den sie verkauften oder selbst konsumierten.

Die Zuckerimker späterer Zeiten gingen anders vor. Sie fütterten ihre Bienen das ganze Jahr über mit Zucker und verkauften den verfälschten Honig als echte Ware. Solche gebe es in diesem Land aber nicht mehr, glaubte Erik Lassing. Außerdem erklärte er, der Kunsthonig sei eine Sache für sich. Er werde ganz ohne Mitwirkung der Bienen hergestellt und könne zum Beispiel eine Mischung aus Invertzucker, Sirup und Farb- und Aromastoffen sein. Allerdings sei Kunsthonig in Schweden nunmehr verboten.

Ein sehr interessanter Vortrag, fanden alle. Dann war es Zeit für Kaffee, Waffeln und Gespräche über den vergangenen Sommer. Ganz furchtbar, sagten die meisten. Die Bienen seien ständig ausgeschwärmt, und am Ende sei nicht viel Honig herausgekommen.

Der beste Honig ist der eigene

Honig ist neben Olivenöl und Mozzarella eins der am häufigsten verfälschten Lebensmittel. Führend in dieser Praxis ist China, das auch der größte Honigexporteur der Welt ist, oft in Zusammenarbeit mit zweifelhaften Firmen in anderen Ländern. Eine Art, Honig zu verfälschen, besteht darin, ihn zu ernten, während der Wassergehalt noch zu hoch ist. Dann wird er maschinell getrocknet und hochleistungsgefiltert, um den Pollen, der verraten könnte, woher er stammt, zu entfernen. Stattdessen wird beispielsweise Zucker oder Sirup hinzugefügt, Wasser, Aroma- oder Farbstoffe und Stärke, dazu noch Pollen aus einem anderen Land, das als Ursprungsland angegeben wird. Bei einem weniger appetitlichen Rezept werden Sojasoße, tote Bienen, Bienenwachs und Aluminiumsulfat zugegeben. Verrotteter Reis kann unter Umständen auch noch hinzugefügt werden.

Auch einige schwedische Imker fälschen ihren Honig. Auf dem Etikett steht beispielsweise Heidehonig, obwohl das Glas auch Honig von anderen Blüten enthält. Weil der Heidehonig teurer ist als andere Sorten, lässt sich auf diese Weise der Gewinn vergrößern. Unanständig, aber im globalen Zusammenhang eher harmlos. Weitaus unanständiger – aber häufiger und gewinnträchtiger – ist es, Honig als Manukahonig zu verkaufen, obwohl er keiner ist. Echter Manukahonig wird von einem Baum gewonnen, *Leptospermum scoparium*, der nur in Neuseeland und Südaustralien heimisch ist. Wegen seiner antibakteriellen Eigenschaften gilt er als außergewöhnlich heilkräftig und ist eine der teuersten Honigsorten der Welt. Das führt dazu, dass sehr viel mehr Manukahonig verkauft als hergestellt wird.

Die beste Methode, gepanschten Honig zu meiden, besteht darin, eigene Bienen zu halten. Die zweitbeste ist es, seinen Honig direkt bei einem verlässlichen Imker zu kaufen.

Pu der Bär, der berühmteste Honigliebhaber der Weltliteratur.
Zeichnung von Ernest H. Shepard.

SEPTEMBER

Eine Erinnerung an eine knifflige Frage

gefolgt von

*wiederholten Versuchen, Rudolf Steiners
Bienenlehre zu verstehen*

FÜR EINEN FRISCHGEBACKENEN IMKER ist der erste eigene Honig etwas ganz Besonderes. Zufrieden zähle ich meine Gläser und fühle mich wie Pu der Bär. Ich gebe nur ungern eins fort, aber meine Schwester hat zwei bekommen. Sie liebt Honig und findet es großartig, dass ich eigene Honigproduzenten habe. Jetzt wollte sie wissen, wie ich es anstelle, den Honig von den Bienen zu ergattern, ihn zu ernten, wie wir Bienenmenschen sagen, und wie die Bienen dann ohne ihn zurechtkommen.

»Also, zuerst blase ich Rauch aus Sackleinen in die Schatzkiste, in der der Honig aufbewahrt wird«, erklärte ich. »Dann glauben die Bienen, dass ein Feuer ausgebrochen ist und man auf jeden Fall den Honig retten muss. Sie versammeln sich an den Honigrähmchen, und dann ist es keine Kunst, die Rahmen herauszunehmen und die Bienen abzubürsten.«

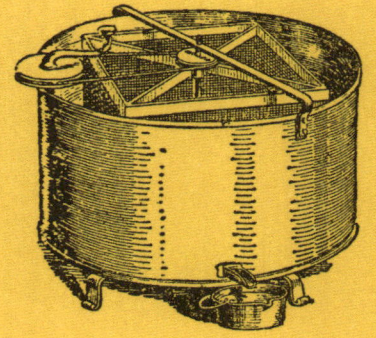

DER APPARAT, DER DIE IMKEREI VERÄNDERTE

Die Honigschleuder ist 1865 von dem österreichischen Major Franz von Hruschka erfunden worden. Sie revolutionierte die Imkerei, die jetzt in großem Maßstab betrieben werden konnte. Das Bild zeigt Hruschkas eigenes Modell. Heute gibt es elektrische Schleudern, sowohl für Hobbyimker als auch, in Hightech-Ausführung, für Berufsimker.

Bevor die Schleuder erfunden wurde, wickelte man die Waben in ein Leintuch, das man anschließend zusammendrehte, bis der Honig austrat. Der an Volkskultur interessierte Maler C. G. Bernhardson aus Bohuslän zeigt, wie es dabei zugehen konnte. Man konnte die Honigwaben auch zerbrechen und den Honig von selbst herausrinnen lassen. Dann enthielt er nicht so viel Wachs, aber dieses Verfahren dauerte länger.

»Ist das nicht ein bisschen gemein?«, fragte meine Schwester, aber ich versicherte ihr, dass dies absolut nicht der Fall sei. Schon die alten Römer hätten es so gemacht.

Weiter erklärte ich ihr, wie die Honigrähmchen an einem Halter in der Schleuder befestigt werden, einem Zylinder mit einer Kurbel, über die man die Rähmchen ins Rotieren bringt. Dadurch wird der Honig geschleudert und rinnt durch einen Ablaufhahn hinaus. Wenn es Herbst wird, bekommt jedes Volk etwa fünfzehn Kilo in Wasser gelösten Zucker. Den wandeln die Bienen in Surrogathonig um, von dem sie sich ernähren, bis es wieder Frühling wird.

Als meine Schwester, die zum Anthroposophischen neigt und ihre Kinder auf die Waldorfschule geschickt hat, davon hörte, war sie empört. Wie kann man den Bienen ein Naturprodukt mit Mineralstoffen, Enzymen, Vitaminen und anderen gesunden Inhaltsstoffen rauben und sie dann zwingen, sich mit Zuckerwasser zu begnügen? Wenn man die Bienen so behandele, werde sie keinen Honig mehr essen, verkündete sie. Doch, meine Gläser noch, aber dann nichts mehr.

Ich wusste nicht, was ich darauf erwidern sollte. Darüber hatte ich nie nachgedacht, ich hatte einfach getan, was John mir beigebracht hatte. Alle Imker, die ich kannte, gaben ihren Bienen Zuckerlösung. Aber die Frage ließ mich nicht los, und irgendwann besorgte ich mir Rudolf Steiners *Über das Wesen der Bienen*. Vielleicht stand dort etwas Wichtiges, von dem meine Bienenfreunde nichts wussten?

RUDOLF STEINER (1861–1925)
der Vater der Anthroposophie, des biologisch-dynamischen Anbaus und der Waldorf-Pädagogik. Seine Gedanken über die Bienen gleichen denen älterer Verfasser, milde ausgedrückt, in nichts.

Nachdem ich es gelesen oder versucht habe, es zu lesen, muss ich gestehen, dass ich nicht viel verstanden habe von dem, was Steiner über die kosmischen Kräfte und ihren Einfluss auf alles auf der Erde, inklusive der Bienenvölker, zu sagen weiß. Dass es auf Deutsch ist, macht die Sache nicht leichter, obwohl ich schon glaube, diese Sprache einigermaßen lesen zu können. Zumindest habe ich verstanden, dass die Bienen, wenn sie den Großteil ihres Honigs behalten dürfen, gegen Krankheiten und die Strapazen des Winters geschützt sind.

Es klingt im Grunde so, als sollte man die Bienen im Großen und Ganzen einfach sich selbst überlassen. Beispielsweise sollen sie ihre Waben bauen können, wie sie wollen, und nicht auf irgendwelchen vorfabrizierten Mittelwänden. Auch sollte man sie nicht am Schwärmen hindern, indem man Weiselzellen entfernt oder die Flügel der Königin stutzt.

Das kommt mir eigentlich sehr entgegen, denn am meisten mag ich meine Bienen, wenn ich dasitzen und ihnen beim Ein- und Ausfliegen zuschauen kann, ohne sie stören zu müssen. Honig kann man schließlich auch kaufen.

Hatte Steiner irgendwann eigene Bienen?

Da viele der alternativen Imker sich heutzutage auf Steiner beziehen, habe ich sein Buch jetzt in englischer Übersetzung gelesen, um vielleicht mehr aus ihm herauszubekommen. Trotzdem bleibt es eines der unverständlichsten Bücher, die ich je in der Hand gehalten habe.

Wenn ich mich jetzt trotzdem an einer Zusammenfassung versuche, dann lautet sie, dass alles auf der Erde, vom Kleinsten bis zum Größten, unter dem Einfluss des Kosmos geschieht. Für die Bienen bedeutet das unter anderem, dass die Zeit zwischen dem frisch gelegten Ei und der fertigen Biene von entscheidender Bedeutung dafür ist, welche Rolle diese in der Gemeinschaft einnimmt.

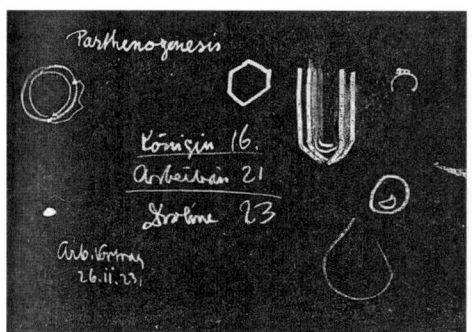 

*Links: Die Entwicklung der Biene vom Ei zur fertigen Biene. Kreidezeichnung
von Rudolf Steiner auf der Tafel im Goetheanum.
Rechts: Porträt Rudolf Steiners von 1905.*

Eine Arbeitsbiene hat, bis sie aus der Brutzelle krabbelt,
21 Tage zur Verfügung, so lange, wie die Sonne braucht, um
sich um die eigene Achse zu drehen. Das bedeutet – so Steiner –, dass sie die gesamte Wirkung, die sie von der Sonne
bekommen kann, aufgenommen hat und daher ein Sonnen-
wesen ist. Auch die Königin, die nur 16 Tage braucht, bis sie
sich offenbart, ist ein Kind der Sonne. Dass sie im Gegensatz
zu den Arbeitsbienen Eier legen kann, beruht darauf, dass sie
dem Larvenstadium näher ist. Die übliche Erklärung, dass ein
»gewöhnliches« Ei sich zu einer Königin entwickelt, weil die
Larve mit einem speziellen Futtersaft, dem sogenannten Gelée
royale, ernährt wird, erwähnt Steiner nicht.

Die Männchen, die Drohnen, bequemen sich erst nach
23 Tagen aus ihrer Brutzelle heraus. Das bedeutet, dass sie in
einen neuen Kreislauf jenseits der Sonne kommen und damit
auch von der Kraft der Erde beeinflusst werden. Deshalb werden sie zu Erdenwesen und können befruchten. Die weibliche
Fähigkeit, Eier zu entwickeln, stammt von der Sonne, während

die männliche Fähigkeit zu befruchten von der Erde stammt. Wenn ich das alles richtig verstanden habe.

Doch nicht nur die kosmischen Kräfte, sondern auch die sechseckige Form der Waben spielt eine Rolle. »Die Larve selber bekommt in sich diese Formen, und in ihrem Körper, da spürt sie, dass sie in ihrer Jugend, wo sie am meisten weich war, in einer solchen sechseckigen Zelle drinnen war. Und aus derselben Kraft, die sie da aufsaugt, baut sie dann selber eine solche Zelle. Da drinnen liegen die Kräfte, aus denen heraus die Biene überhaupt arbeitet. Also das liegt in der Umgebung, was die Biene äußerlich macht.«

Klingt das seltsam? Wenn man versucht, Steiners Buch ganz und gar zu verstehen, ohne in die Begriffswelt der Anthroposophie eingeweiht zu sein, kann man es genauso gut zur Seite legen. Die Alternative besteht darin, das meiste als mehr oder weniger eigentümlich, aber trotzdem faszinierend und inspirierend hinzunehmen und weiterzulesen.

Dass Honig gesund ist, dürfte kaum jemanden überra-

EIN SECHSECKHAUS
Roy und Nettie Brewster vor dem Norian House in Plymouth, Neuseeland. Roy Brewster hielt, genau wie Steiner, die Sechseckform für etwas ganz Besonderes. In seinen Augen war sie ein Geschenk Gottes und die beste Form, um darin zu leben. In der Natur gebe es nichts Viereckiges.

schen. Laut Steiner liegt das allerdings nicht an den nützlichen Inhaltsstoffen. Er lehnt die Methode der modernen Wissenschaft, ihren Gegenstand in seine Bestandteile zu zerlegen und darin nach den Ursachen ihrer Wirkung zu suchen, generell ab. Nein, die gesundheitsfördernden Eigenschaften des Honigs entstehen nach Steiner aus der Kraft der Biene, sechseckige Formen zu schaffen, wie sie sie aus der Zelle kennt, in der sie sich entwickelt hat; eine Kraft, die auch die Menschen brauchen. Isst man Honig, hilft man dem Körper, seine Form zu bewahren. Verlobten wird Honig als Vorbereitung auf das Zeugen von Kindern empfohlen, weil er für das Knochengerüst des kommenden Babys nützlich sei. Älteren Menschen helfe Honig ebenfalls, aber nicht in übertriebenen Mengen. Dann könne das Knochengerüst brüchig werden.

»Ich-Kraft« ist ein anderer wichtiger Begriff bei Steiner. Die komme unter anderem im Bienengift vor, und dass Gichtkranke sich nach Bienenstichen besser fühlten, liege daran, dass ihre Ich-Kraft schwach sei. Der Bienenstich sei deshalb ein willkommener Boost.

Aber welche praktische Bedeutung haben all diese Dinge für den Imker? Darüber schweigt Steiner sich weitgehend aus. Hatte er überhaupt Erfahrung mit eigenen Bienen? Vermutlich nicht, wie hätte er dafür auch Zeit haben sollen bei den vielen Dingen, mit denen er sich beschäftigte! Pädagogik, Reinkarnation, Astralleib, Ätherleib, biologisch-dynamischer Landbau, die Entstehung unterschiedlicher Rassen, die Bewegungskunst Eurhythmie usw. Allerdings spricht er oft von den Bauern in der Region des österreichischen Kaiserreichs, in der er aufgewachsen ist, Kroatien. Dort hatten sie Bienen nicht, um mit dem Honig Geld zu verdienen, sondern allein für den Eigenbedarf. Das gehörte auf dem Land einfach dazu.

Die wenigen konkreten Ratschläge, die er gibt, beruhen auf den traditionellen Methoden, die zu seiner Zeit von der modernen Imkerei verdrängt wurden. Man soll das Schwärmen nicht verhindern, und die Bienen sollen ihre Waben selbst formen dürfen, ohne vorfabrizierte Mittelwände, die die Größe der Zellen bestimmen. Bei der Ernte soll man reichlich Honig zurücklassen, damit die Bienen überwintern können. Keine Zuckerlösung also, außer in besonders langen Wintern. In dem Fall soll man Kamillentee und ein wenig Salz zusetzen.

Das Gefährlichste an der modernen Imkerei sei, so Steiner, das Umweiseln, also das Austauschen der Bienenköniginnen, bevor ihre Eierproduktion nachlässt. Die Arbeitsbienen würden niemals zu von außen zugesetzten Regenten so enge Bande knüpfen wie zu denen, die sie selbst großgezogen hätten. Diese Sitte könne fatal sein, prophezeit er. Wenn es so weitergehe, werde das im Lauf der nächsten hundert Jahre – also spätestens 2023 – das Ende der Imkerei bedeuten.[1]

Der biologisch-dynamische Demeter-Verband dagegen hält sich an das Praktische. Unter anderem sollte der Zucker, der in ein mögliches Winterfutter eingeht, ein Demeter-Zertifikat haben, und mindestens zehn Gewichtsprozent des Winterfutters sollten aus Honig bestehen. In den Brutäumen sollten die Bienen ihre Waben frei bauen dürfen, ohne vorgegebene Mittelwände. Es darf kein Umweiseln geben und weder Schwarmverhinderung noch Sperrgitter, die die Königin daran hindern, in der Honigkammer Eier zu legen. Neue Völker und Königinnen werden durch den Schwarmtrieb erzeugt, das heißt, die Bienen bestimmen selbst, wann sie sich vermehren wollen. »Das Wichtigste ist, die Bienen so zu halten, dass sie ihr natürliches Verhalten entwickeln können.«

ANMERKUNGEN

1 Heute warnen auch nichtanthroposophische Imker und Wissenschaftler vor dem Umweiseln. Es führe zu einer geringeren genetischen Breite und damit zur Schwächung der Widerstandskräfte bei den Bienen. Außerdem würden durch den internationalen Königinnenversand Krankheiten und Parasiten verbreitet.

HONIG IM GESICHT BELEBT DIE GEDANKEN

Joseph Beuys war von Steiners Gedanken tief beeindruckt. Die englische Ausgabe von Steiners Bienenbuch schließt mit einem Kapitel über Beuys' anthroposophisch inspirierte künstlerische Alchimie. Eine seiner bekanntesten Aktionen – Wie man dem toten Hasen die Bilder erklärt – fand 1965 in der legendären Galerie Schmela in Düsseldorf statt. Drei Stunden lang ging Beuys, das Gesicht mit Honig und Blattgold bedeckt und eine Eisenplatte an einem seiner Stiefel befestigt, herum und hielt einen toten Hasen im Arm, dem er murmelnd den Inhalt der Bilder an den Wänden erklärte. Das Publikum wurde nicht eingelassen, sondern musste das Ganze durch die Fenster der Galerie verfolgen. Die Fähigkeit der Bienen, Honig zu erzeugen, nahm Beuys als Entsprechung zur Fähigkeit der Menschen, Gedanken zu produzieren. »Mit Honig auf dem Kopf tue ich natürlich etwas, was mit Denken zu tun hat. (...) Der menschliche Gedanke kann auch lebendig sein.«

SANKT AMBROSIUS,
DER SCHUTZHEILIGE DER IMKER (339–397)

Es wird erzählt, dass sich, als er noch in der Wiege lag, ein Bienenschwarm auf seinen Mund gesetzt und beim Wegfliegen einen Tropfen Honig zurückgelassen habe. Das nahm man als Zeichen, dass aus ihm ein hervorragender Redner würde, was sich bewahrheitete. So wurde er der Honigzüngige genannt. Die katholische Kirche hat traditionell ein besonderes Verhältnis zu Bienen. Lange waren die Klöster die Zentren der Bienenhaltung und der Bienenkunde, und für die Mönche, die Buckfast Abbey bauten, wohin auch Bruder Adam kam, war es ganz natürlich, sich Bienen zuzulegen.

OKTOBER

Erinnerungen an Bruder Adam

gefolgt von

seinem Nachruhm und dem Skandal,
den er nicht erleben musste

D ER BENEDIKTINERMÖNCH Bruder Adam ist gestorben, mit 98 Jahren. Er ist weltberühmt, denn er hat die Buckfast-Biene gezüchtet, von der es heißt, sie vereinige in sich alle guten Eigenschaften, die eine Honigbiene haben kann. Sie ist resistenter gegen Parasiten und Krankheiten als andere Bienen. Sie ist unglaublich fleißig und besitzt keinen besonderen Schwarmtrieb – ist, in der Imkersprache, schwarmträge. Darüber hinaus ist sie ausgesprochen friedfertig.

Ich habe die Nachrufe in englischen Zeitungen gelesen. Dort werden unter anderem die vielen Auszeichnungen erwähnt, die Bruder Adam erhalten hat, darunter der *Order of the British Empire* und das *Bundesverdienstkreuz*. Außerdem war er Ehrendoktor der Schwedischen Landwirtschaftsuniversität in Uppsala, eine Auszeichnung, auf die er besonders stolz war,

*Bruder Adam bei einem
seiner Bienenstände, die zur
Honigerzeugung vorgesehen waren.
Die Zucht der Buckfast-Königinnen
fand auf der Dartmoorheide statt.*

denn sie kam aus der akademischen Welt. »Er sprach mit den Bienen, er streichelte sie. Er verbreitete in den Bienenstöcken eine Ruhe, die die sensiblen Insekten sofort wahrnahmen«, schreibt *The Economist*.

Dass ich diesen Giganten treffen durfte! Wenn ich jetzt daran denke, kann ich mich nur wundern, dass ich es überhaupt gewagt habe, ihm zu schreiben und zu fragen, ob ich ihn in seinem Kloster besuchen dürfe. Ich wusste nichts über Bienenzucht, und obwohl ich eigene Bienen besaß, waren meine wissenschaftlichen Kenntnisse über die Art *Apis mellifera* rudimentär.

Aber als Journalistin kann man es sich ja nicht leisten, ständig seine Begrenzungen zu sehen. Außerdem befand ich mich in einer besonderen Situation, die mich forscher machte, als ich sonst war. Ich war seit einigen Jahren bei der *Femina* beschäftigt, die sich zunächst als radikale Frauenzeitschrift etabliert hatte. Jetzt aber hatten die Besitzer, die dänische Familie Aller, genug. »Wir ziehen die lila Strümpfe aus!«, verkündeten sie in ganzseitigen Anzeigen in den großen Tageszeitungen. Die missliebige Redaktionsleitung war verschwunden, aber eine neue war noch nicht eingesetzt. Das bedeutete unter anderem, dass man Ideen verwirklichen konnte, die ansonsten von jedem verantwortlichen Redakteur gestoppt worden wären. Für die provisorische Leitung hieß es in erster Linie, die nächste Nummer vollzubekommen, und weil *Femina* eine Wochenzeitschrift war und nicht, wie heute, monatlich erschien, wurde ein ständiger Zustrom an Beiträgen gebraucht. Solange es nichts mit der Frauenbewegung zu tun hatte, nahmen sie praktisch alles.

Ich hatte beschlossen zu kündigen, aber vorher wollte ich noch – natürlich auf Kosten der Zeitschrift – nach England reisen, um erstens eine verlockende Wanderroute an der kornischen Küste zu beschreiben und zweitens Bruder Adam zu porträtieren, von dem ich in der *Bitidningen* gelesen hatte. Allein schon die Tatsache, dass er mit neun Jahren von einem kleinen Ort in Süddeutschland in ein Kloster in England geschickt worden war, interessierte mich. Wie musste er sich damals gefühlt haben?

Beide ungewöhnlichen Projekte wurden genehmigt, was

Als Bruder Adam nach Buckfast Abbey kam, war die neue Klosterkirche noch nicht vollendet. Weil er ein kränklicher Junge war, wurde er von den schweren Bauarbeiten befreit. Stattdessen durfte er helfen, die Bienen des Klosters zu hüten.

waren das für Zeiten! Ich schrieb Bruder Adam und bekam die Antwort, dass ich willkommen sei. In Heathrow holte mich die formidable Lena Svanberg ab, damals London-Korrespondentin von *Veckans Affärer*, die von meinen Wanderplänen gehört und mir mitgeteilt hatte, dass sie mir Gesellschaft leisten werde. Ich hatte eigentlich an eine meditative Woche gedacht, in der ich Wind und Wellen lauschen und überlegen wollte, was ich mit meinem Leben nach *Femina* anfangen sollte. Aber wenn Lena etwas beschlossen hatte, war sie ebenso wenig aufzuhalten wie die Sonne in ihrem Gang über den Himmel. Sie war alles andere als eine langweilige Gesellschaft, und dass sie ein Auto hatte, war zweifellos ein praktischer Mehrwert. Meditieren konnte ich auch später noch.

Buckfast Abbey liegt in Devon, nahe der Schnellstraße nach St. Ives in Cornwall, wo unsere Wanderung beginnen sollte. Kein größerer Umweg also. Meinem Vorschlag, dass sie bei dem Interview mitmachen und für *Veckans Affärer* einen Artikel über den Siegeszug der Buckfast-Biene schreiben könne, erteilte Lena sofort eine Abfuhr. Die einzigen Tiere, für die sie sich interessiere, seien Rennpferde, denn auf die könne sie wenigstens wetten.

»Diesen Mönch kannst du für dich haben, aber um Punkt vier hole ich dich ab!«, rief sie, nachdem sie mich am Kloster abgesetzt hatte. Bis dahin wollte sie den lokalen Pub *The Abbey Inn* zu ihrem Hauptquartier machen und alte Zeitungen lesen, eine ihrer Lieblingsbeschäftigungen. Wo auch immer sie war, sie hatte eine Plastiktüte voller ungelesener Zeitungen dabei.

Das Kloster besteht aus einer riesigen Kirche und einer Ansammlung kleinerer Gebäude, allesamt im grässlichen Stil des 19. Jahrhunderts. Bruder Adam dagegen, auch er aus dem 19. Jahrhundert – geboren 1898 – war ein eleganter, stiller und freundlicher Mann. Trotzdem merkte ich schnell, dass aus der Begegnung kein intimes, persönliches Porträt entstehen konnte. Nicht weil er Mönch war. Ich hatte davor schon

Mönche getroffen, und einige hatten genauso offen und ausgiebig über sich gesprochen wie die Schauspieler und Schriftsteller, die ich sonst interviewte. Bruder Adam allerdings hatte nur Bienen im Kopf und schien davon auszugehen, dass es mir genauso ging. Ihn umgab ein respekteinflößender Ernst, der von seinem deutschen Akzent noch verstärkt wurde und keinesfalls zu persönlichen Fragen einlud.

Er bedauerte, dass er mir seine Königinnenzucht auf der Dartmoorheide nicht zeigen könne, da alle Autos des Klosters unterwegs seien. Ein Glück. Dort wäre mein Mangel an genetischen Kenntnissen allzu peinlich aufgefallen. Stattdessen führte er mich zu einem der Bienenstände, die für die Honigproduktion vorgesehen waren. Die ordentlich gestrichenen Bienenstöcke standen in Vierergruppen, nicht in Reihen, wie es sonst üblich ist, und jeder in eine Himmelsrichtung orientiert.

»Das hilft den Bienen, sich zurechtzufinden und nicht in den falschen Bienenstock zu krabbeln«, erklärte er. »Denn dann würden sie totgestochen.«

Was für eine Fürsorge! Warum stellen nicht alle Imker ihre Bienenstöcke so auf?

»Weil es anders praktischer ist und nicht so viel Platz braucht«, sagte er.

Als ich ihn fotografieren wollte, kam eine Biene herbeigeflogen und setzte sich auf seine Schulter, als wollte sie ihm ihre Zuneigung bekunden. Anschließend besuchten wir die strahlend sauberen Räume, in denen der Honig und das Wachs verarbeitet wurden. Dort stand unter anderem eine riesige Presse, die Bruder Adam selbst für den schwer zu schleudernden Heidehonig konstruiert hatte. Allerdings lief die Anlage nicht, weil es noch so früh im Jahr war; es war noch kein Honig geerntet worden.

Der Rundgang endete in der kleinen Bar des Klosters. Bruder Adam griff nach einer Flasche, auf der *Buckfast Tonic Wine* stand und füllte zwei Gläser. Wir stießen an. Der Wein hatte entfernt etwas von Wermut, süß, aber nicht übertrieben.

Bruder Adam schenkt den Gesundheitswein des Klosters ein, bei jungen Leuten in Schottland inzwischen ein Kultgetränk.

»*To your health!*«, sagte er und fügte hinzu, dies sei wirklich ein Gesundheitswein. Das Rezept stamme von den französischen Benediktinermönchen, die in den 1880er-Jahren hierhergekommen seien, nachdem sie von der antikatholischen Dritten Republik vertrieben worden waren. Sie hätten das Kloster, das während der Reformation abgerissen worden sei, wiederaufgebaut. Zu ihrer Versorgung hätten sie Bienen gehalten und Medizin, Salben und diesen Wein hergestellt. Allerdings, fügte er hinzu, stammten die meisten Mönche wie er selbst mittlerweile aus Deutschland.

Endlich ein Anhaltspunkt! Die Gelegenheit, nach seinem Hintergrund zu fragen. Woher aus Deutschland stammte er? Wie hatte er sich gefühlt, als er als kleiner Junge in ein englisches Kloster geschickt worden war, warum war er hiergeblieben, und wie sah es mit seinem Glauben aus? Konnte der mit genetischer Arbeit in Einklang gebracht werden?

Aber nein. Ich brachte die Fragen nicht über die Lippen. Stattdessen wollte ich wissen, wie er auf die Idee gekommen war, eine neue Biene zu schaffen, eine Frage, die er bestimmt schon tausendmal beantwortet hatte.

Er schenkte noch einmal nach. »Es hat mit einer Katastrophe angefangen«, sagte er, ohne auch nur im Geringsten gelangweilt oder ungeduldig zu wirken.

Während des Ersten Weltkriegs sei der Bienenstand des Klosters von der schrecklichen Tracheenmilbe heimgesucht worden, die schon den Großteil der einheimischen englischen Bienen ausgerottet hatte, erzählte er. Die wenigen, die überlebten, seien entweder gelbe Italienische Bienen, *Apis mellifera ligustica*, oder Kreuzungen zwischen der Italienischen und der dunklen einheimischen Biene, *Apis mellifera mellifera*, gewesen. Daraufhin habe er frische Italienische Königinnen mit Drohnen der resistenten Völker gekreuzt. Das sei die richtige Spur gewesen. Von den neuen anglo-italienischen Völkern habe eines – ein einziges! – alle guten Eigenschaften sowohl der englischen als auch der italienischen Bienen besessen, aber keine der schlechten. Diese Königin sei die Urmutter der Buckfast-Biene gewesen. Nach dem Zweiten Weltkrieg habe er dieser Biene weitere gute Eigenschaften hinzugefügt, die er auf langen Reisen zusammengesucht hatte.

»Auch aus Schweden?«, fragte ich.

Nein, er habe zwar einheimische schwedische Königinnen zugeschickt bekommen, aber deren Nachkommen seien schrecklich stech- und schwarmlustig gewesen, und da habe es nichts geholfen, dass sie enorm fleißig waren.

Es ging auf vier Uhr zu. Ich bedankte mich für den sehr lehrreichen Besuch, wir stießen ein letztes Mal an, und er begleitete mich zum Tor.

»Denken Sie immer daran, dass man den Bienen zuhören muss«, sagte er. »Sie folgen nicht unseren Wünschen, sondern ihren eigenen.«

Lena wartete bereits.

»Du riechst nach Alkohol«, sagte sie, sobald ich eingestiegen war, »was habt ihr eigentlich getrieben?«

»Gesundheitswein getrunken«, sagte ich.

Als sie aufhörte zu lachen, waren wir schon fast in St. Ives.

Mein *Femina*-Artikel über Bruder Adam war nicht so gut, wie er hätte sein können, aber mein Foto von ihm bekam eine ganze Seite.

Das zweite Mal sah ich Bruder Adam ein paar Jahre später auf der Freizeitanlage Frostavallen in Schonen. Der Königinnenzuchtclub Kristianstad hatte ihn eingeladen, einen Vortrag zu halten, und es hatten sich an die hundert Leute eingefunden, um ihm zuzuhören. Ich selbst war mit Annicka Lundquist dort, meiner ersten Bienen-Freundin.

Bruder Adam erkannte mich wieder und begrüßte mich herzlich. Ich war ein bisschen stolz und hoffte, dass diejenigen, die in meiner Nähe standen, es bemerkt hatten. Aber stimmte, was in der Zeitung gestanden hatte: dass Diebe seine wertvollen Zuchtköniginnen gestohlen hatten?

»Leider«, sagte er, »man kann ja nicht kontrollieren, was die Leute da oben auf der Dartmoorheide machen. Aber sie haben nur zwei Königinnen mitsamt Waben, Arbeitsbienen und Drohnen mitgenommen, und ich hoffe, dass sie ordentlich gestochen worden sind.«

Nein, er sei vorher noch nie in Schweden gewesen, habe aber regen Kontakt zu schwedischen Imkern und wisse, dass Schweden mit seiner vielseitigen Wildflora und Imkern, die besser organisiert seien als irgendwo sonst, ein gutes Land für die Bienenhaltung sei.

Der Vortrag handelte von seinen fantastischen Reisen in einer alten Klapperkiste, aber manchmal auch zu Fuß oder auf dem Rücken eines Esels an unzugängliche Orte in Spanien, der Türkei, Jordanien, Ägypten oder Marokko, immer auf der Jagd nach ursprünglichen Bienenstämmen mit guten Eigenschaften. Der Beitrag einer Griechischen Biene, *Apis mellifera cecropia*, hatte die Buckfast-Biene noch friedfertiger und schwarmträger gemacht. Ein Großteil ihres Fleißes stammte von der *Apis mellifera anatolica*, die er im anatolischen Hochland gefunden hatte. Eine Zypriotische Biene hatte ihre Fähigkeit beigetragen, schwere Winter zu überstehen.

Als es an der Zeit war, Fragen zu stellen, wollte ein Zuhörer wissen, wohin er das nächste Mal reisen wolle.

»Nach Kenia und Tansania, um nach der *Apis mellifera monticola* zu suchen«, antwortete er, »einer Biene, die im Gegensatz zu den meisten Afrikanischen Bienen sehr friedfertig ist.«

Nächste Frage: »Und wer bezahlt diese Reisen?« Antwort: »Das Kloster.« Das ist aber auch das Mindeste! Der Verkauf von Buckfast-Königinnen bringt riesige Einnahmen, von denen ihr Erzeuger keinen Penny einfordert.

Die letzte Frage aus dem Publikum war, ob Bruder Adam selbst viel Honig esse, er wirke so kregel. Ja, das tue er. Mindestens einen Esslöffel am Tag, und am liebsten Heidehonig von der Dartmoorheide.

Die Folgen des Gehorsamkeitsgelübdes

Zur Geschichte von Bruder Adam gehört leider auch das traurige Kapitel, das ihm in seinen letzten Jahren widerfuhr. 1990

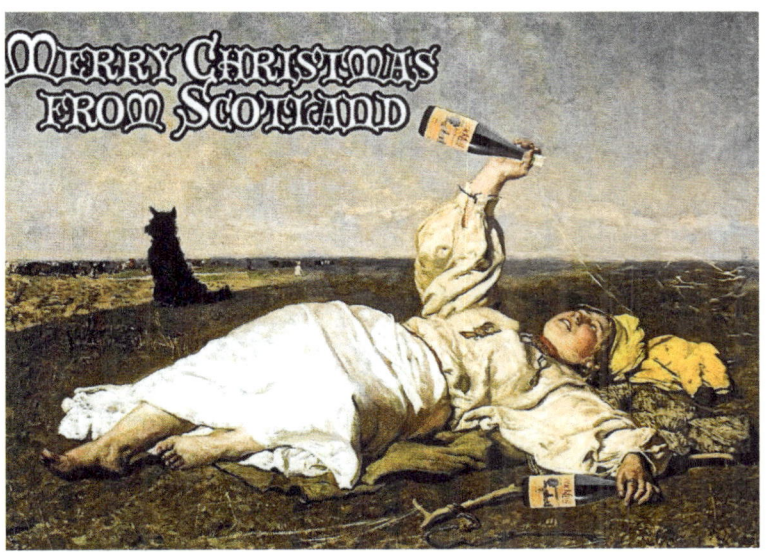

Die sanfte Variante von Buckiehumor – ein Pastiche von Józef Chełmońskis Gemälde Altweibersommer. Es gibt bedeutend schlechtere Beispiele, etwa eine Weihnachtskarte, auf der Jesus eine Flasche in der Hand hält, mit dem Text: »It's my fucking birthday!«

wurde in den Bienenstöcken des Klosters die zerstörerische Varroamilbe entdeckt. Natürlich wollte er versuchen, eine varroaresistente Biene zu züchten, und dazu brauchte er einen Assistenten. Aber der neu berufene Abt des Klosters, David Charlesworth, sagte Nein. Die Bienen seien für die Honigproduktion da und nicht für die genetische Forschung, und außerdem lenkten die Bienen ihn, Bruder Adam, von seiner Berufung ab, Gott zu dienen.

Es gab Proteste aus der ganzen Welt, aber Charlesworth erklärte, er sei davon überzeugt, dass Bruder Adam sich in erster Linie als Mönch betrachte und erst in zweiter als Bienenzüchter. Bruder Adam selbst sah sich aufgrund seines Gehorsamkeitsgelübdes gezwungen, das Gebot zu akzeptieren. Er starb vier Jahre später, anscheinend verbittert und enttäuscht. Wenigstens ist ihm das Theater, das seit Jahren um den *Buckfast Tonic Wine* gemacht wird, erspart geblieben.

Es hat sich nämlich herausgestellt, dass viele Gewaltverbrechen in Schottland von Jugendlichen begangen werden, die »Buckie« getrunken haben, wie der Wein dort genannt wird. In manchen Fällen ist gar die leere Flasche die Waffe. Im sogenannten *Buckfast Triangle* zwischen den Orten Airdrie, Coatbridge und Cumbernauld östlich von Glasgow ist der Konsum offenbar besonders hoch, ebenso wie die Jugendkriminalität. Die Mischung aus 15 Prozent Alkohol und Koffein in einer Menge, die mehreren Dosen Coca-Cola entspricht, hat den Wein in gewissen Randgruppen zum Kultgetränk gemacht. Es gibt T-Shirts und Baseballmützen mit Buckiebildern und Buckielieder mit unanständigen Texten. Schottische Politiker haben mehrfach verlangt, dass der Wein verboten werde, aber Vater Charlesworth und der Lizenzhersteller Chandler & Chandler haben darauf erwidert, dass die Schotten dann auch ihren Whisky verbieten müssten, denn die Gegenden, in denen dieser Missbrauch betrieben werde, seien schon seit Jahrzehnten sozial abgehängt. Nach Schweden wird das Getränk nicht importiert.

DIE BUCKFAST-BIENE

Die Buckfast-Biene ist heute die am weitesten verbreitete Bienenrasse in Schweden, und der *Föreningen Svensk Buckfastavel* (Verband der schwedischen Buckfast-Züchter) unterhält auf den Inseln Aspö, Hasslö, Ven und Vendelsö eigene Paarungsstationen. Es gibt auch einen europäischen – vor allem deutschen – Buckfast-Verein, die *Gemeinschaft der europäischen Buckfast-Imker*.

Die oben abgebildete Biene ist eine Buckfast-Königin.

Keine historische französische Ausstellung, egal, zu welchem Thema, ohne die Revolution. Das gilt auch für die Ausstellung über die Biene, den Menschen, den Honig und das Wachs im Musée des Arts et Traditions Populaire. Dort hing dieses Bildnis der revolutionären Freiheit, mit einem Bienenkorb als Symbol für die Nationalversammlung, in der Kleriker, Adel und dritter Stand zusammenarbeiteten. Was natürlich nicht lange gut ging.

NOVEMBER

Eine Erinnerung an Paris

gefolgt von

einem Bericht aus Älghult

ICH BIN GERADE AUS PARIS zurückgekommen und eile nach draußen, um nach meinen Bienenstöcken zu sehen. Das Flugloch ist leer. Bestimmt haben sich die Bienen schon zu ihrer Wintertraube zusammengeschlossen und dürfen nicht mehr gestört werden. Ich hatte sie vor meiner Abreise eingewintert.

Warum ich in Paris war? Unter anderem habe ich dort eine sehr interessante Ausstellung im Museum für Volkskunst gesehen: *L'abeille, l'homme, le miel et la cire*. Die Biene, der Mensch, der Honig und das Wachs. Darin ging es nicht nur um das Leben und Wirken der Bienen, sondern auch darum, wie sich das Verhältnis der Menschen – in erster Linie natürlich der Franzosen – zu ihnen im Laufe der Zeit entwickelt hat. Der Katalog war ebenso gelehrt wie lehrreich.

Es gab alte Bienenbeuten aus Lehm, Kalkstein, hohlen Baumstämmen und Stroh, und es gab Schutzkleidung unterschiedlichster Sorte. Am elegantesten wirkte ein Schutzumhang aus

Leinen mit einer gestreiften Gesichtsbedeckung aus Rosshaar. Laut einem dazu zitierten französischen Schriftsteller des 18. Jahrhunderts allerdings brauche man keine Schutzkleidung, wenn man sich nur die Hände in warmem Urin gewaschen und Rauch aus weißem Leinenzeug ins Gesicht geblasen habe.

Außerdem gab es viele Beispiele für die unterschiedliche Nutzung von Honig und anderen Bienenprodukten zu sehen. Bevor sich im 19. Jahrhundert der Zucker durchsetzte, war Honig das einzige vernünftige Süßungsmittel, und er wurde in der Küche fleißig verwendet. Aber vor allem war er begehrt, weil man aus ihm Met, auf Französisch *hydromel*, herstellen konnte, das erste alkoholische Getränk des Menschen, das in den meisten Kulturen als Göttertrunk galt. Ägypter, Griechen und Römer tranken Met, und die Wikinger natürlich auch.

Das älteste und einfachste Metrezept hat 350 v. Chr. Aristoteles aufgezeichnet. Wasser und Honig dürfen gären, das war alles.

Bedeutend verwickelter ist die Anleitung des Römers Columella. Regenwasser, das mehrere Jahre lang in der Sonne gestanden haben muss, wird in einen anderen Behälter geschüttet, ohne dass der Bodensatz mitgenommen wird. Ein Sextarius (ungefähr ein halber Liter) dieses Wassers wird mit einem Pfund (ungefähr einem Viertelkilo) besten Honigs vermischt. Dann füllt man das Ganze in eine Steinflasche, die verschlossen wird, lässt diese vierzig Tage in der Sonne stehen, während der Hundsstern aufgeht, und stellt sie anschließend auf einen Dachboden, wo auch die Wärme der Feuerstelle des Hauses hingelangt. Man fragt sich, wie dieses Getränk wohl geschmeckt hat, ob es die Mühe wert war.

In der Bretagne stellt man nach wie vor eine besondere Art von Met her, den *chouchen*, aus Buchweizenhonig, der zusammen mit Apfelmost gären darf. Es heißt, dieses Getränk hätten die Kelten mitgebracht, nachdem die Angelsachsen sie aus dem heutigen England verdrängt hatten.

Rekonstruktion einer mittelalterlichen Jacke mit Gesichtsschutz aus Rosshaar.
Sehr ähnlich den Umhängen, die von den Figuren auf Bruegels Bild auf S. 97
getragen werden.

Traditionelle französische Behandlung von Rheumaschmerzen. Heutzutage wird das Gift in der Regel injiziert.

Leider wurden in der Ausstellung keine Kostproben angeboten.[1]

Ein weiteres Thema war die Medizin, sehr interessant. Seit Urzeiten war Honig eine Art Universalmittel. Hippokrates, der Vater der abendländischen Heilkunst (460–370 v. Chr.), stellte fest, dass die Verwendung von Honig gegen alle möglichen Krankheiten so verbreitet sei, dass einigen Menschen der Geschmack daran zu vergehen drohe. Honig wurde unter anderem gegen Magengeschwüre, Herzprobleme und Lungenkrankheiten verschrieben. Zudem wurde er, ganz frisch und flüssig, zur Beförderung der Heilung auf Wunden aufgetragen, was auch heute in vielen Ländern noch üblich ist.

Schade, dass die Ausstellungsmacher das finnische Nationalgedicht *Kalevala* nicht kannten; darin puzzelt die Mutter des Spaßvogels Lemminkäinen, der auf der Brautschau zerstückelt worden ist, seine Körperteile zusammen. Aber wie bringt sie sie dazu, wieder zusammenzuwachsen? Mit Honig natürlich.

Ach Biene, lieber Vogel, König der Waldblumen!
Geh du und hol Honig, such du nach dem Nektar.

Das Gedicht hätte perfekt gepasst und sicher auch auf Französisch sehr gut geklungen.

Nicht nur Honig, sondern auch Bienengift ist verwendet worden, um Krämpfe und Krankheiten zu behandeln, zumeist rheumatische Beschwerden. Ein altes Foto zeigt eine einfache Methode: Ein Mann mit nacktem Oberkörper sitzt vornübergebeugt, während ein anderer Bienen auf seinem blassen Rücken platziert.

Ich selbst erinnere mich an eine Frau, der ich einmal in Landskrona begegnet bin. Sie hatte als Kind häufiger Schmerzen gehabt, war aber davon geheilt worden, indem man ihr ein paar Löffel Bienen in die Unterhose geschüttet hatte. Danach war sie die Schmerzen für immer los, aber sie bekam auch keinen Honig mehr herunter. Ich habe auch von einem Mann gehört, der einmal im Jahr einen Imker aufsucht, um sich stechen zu lassen und damit möglichem Rheumatismus vorzubeugen.

Heute kann man zu einem *apithérapiste* gehen und sich das Gift mit Spritzen verabreichen lassen. In Frankreich jedenfalls.

Katalog zur Pariser Ausstellung
L'abeille, l'homme, le miel et la cire.

*Mumienporträt, Enkaustik (Bienenwachs plus Pigment), 120–150 n. Chr.,
als Ägypten eine römische Provinz war.*

Nächste Abteilung: Wachs. Früher war es mindestens so wichtig wie der Honig. Griechen und Römer schrieben mit Metallstiften auf Holztafeln, die mit einer dicken Schicht Wachs bedeckt waren. »Enkaustik« heißt die Methode, aus aufgewärmtem Bienenwachs und Pigmenten Farbe herzustellen.

Die katholische Kirche brauchte unendliche Mengen Wachs für die Kerzen, die bei den unterschiedlichen liturgischen Zeremonien verwendet wurden, und die meisten Klöster hatten eigene Imkereien nicht wegen des Honigs, sondern wegen des Wachses. Totenmasken wurden aus Bienenwachs gemacht, und als man begann, anatomische Figuren für den Medizinunterricht herzustellen, griff man ebenfalls auf Bienenwachs zurück.

Letztes Thema der Ausstellung: Aberglauben und volkstümliche Bräuche. Man glaubte, dass zwischen den Bienen und dem Imker innige gefühlsmäßige Beziehungen bestanden, also mussten, wenn in der Familie etwas Wichtiges passierte, die Bienen davon unterrichtet werden. In der Bretagne gab es die Sitte, dass man, wenn die Tochter des Hauses geheiratet hatte, an jedem Bienenkorb ein Stück des roten Hochzeitskleids befestigte. Besonders wichtig war, dass die Bienen es zuerst erfuhren, wenn ihr Besitzer gestorben war. Man legte schwarzen Stoff auf die Körbe und las Formeln vor, die besagten, dass der Meister gegangen sei, sie aber auch in Zukunft auf beste Weise betreut würden. Man befürchtete, dass sie ansonsten aufsässig würden oder gar starben.

Natürlich sollte eine solche Ausstellung auch bei uns eingerichtet werden! Es muss jede Menge interessante Dinge geben, in Museen oder an anderen Orten, von der älteren Bienenliteratur ganz zu schweigen. Der Kulturhistoriker Albert Sandklef (1893–1990) war vor allem wegen seiner Bücher zur Branntweinwürzung bekannt, aber er hat auch über viele andere Dinge geschrieben, unter anderem über die frühe Imkerei in Schweden und Dänemark, und während seiner Zeit als Direktor des Varbergs Museums hat er eine ansehnliche Sammlung ethnologischen Materials zur Bienenhaltung zusammengestellt. Die könnte die Basis für eine große schwedische oder auch – warum nicht? – gesamtnordische Bienenausstellung bilden!

Das Museum der Uppvidinge biodlarförening (Imkerverein Uppvidinge) in Älghult ist in Skandinavien das Einzige seiner Art. Die Figur auf dem unteren Bild ist mit dem Trommeln beschäftigt, was bedeutet, dass man mit den Händen auf einen kopfüber stehenden Bienenkorb trommelt, damit die Bienen in einen leeren Korb darüber umziehen.

Älghult ist nicht Paris, aber trotzdem gut

Es ist eine ganze Weile her, dass die Pariser Bienenausstellung gezeigt worden ist. Seitdem ist, soweit ich weiß, bei uns nichts Entsprechendes veranstaltet worden. Allerdings gibt es in Älghult, Småland, ein Imkermuseum, das Einzige seiner Art in Skandinavien. Es ist bei Weitem nicht so inhaltsreich und professionell gestaltet wie die Ausstellung in Paris, hat aber andere Qualitäten und ist auf jeden Fall einen Ausflug wert.

Betrieben wird es ehrenamtlich vom Imkerverein Uppvidinge. Das Haus, ein Astrid-Lindgren-Traum, ist von der Besitzerin mietfrei zur Verfügung gestellt worden. Die Mitglieder des Vereins haben selbst tapeziert, den Boden verlegt, Ausstellungsobjekte gesammelt, Vitrinen montiert und Texte geschrieben. In dem kleinen Laden werden Honig, Pollen, Propolis und bienenbezogene Deko-Objekte verkauft. Der Kuchen im Café ist selbst gebacken. Es herrscht eine persönliche und fürsorgliche Atmosphäre. Außerdem kann man sich echte Bienen anschauen: Sie gehen durch ein durchsichtiges Plastikrohr in einem Korb ein und aus, der im Museum aufgestellt ist. So etwas gab es in Paris nicht.

Eine Liste mit Bienenmuseen in anderen Ländern finden Sie auf S. 215/216.

ANMERKUNGEN

1 Heute ist Met wieder ein angesagtes Getränk – dank Harry Potter und Rosmertas Met und nicht zuletzt wegen *Game of Thrones*, das den Metverkauf verdreifacht haben soll. In den staatlichen Alkoholgeschäften in Schweden sind mehrere Sorten erhältlich.

Honigschleudern 1952. Die Rähmchen mit dem Honig werden in einem netzbespannten Wabenkorb platziert, und dieser wird mittels einer Kurbel herumgeschleudert, bis der Honig durch einen Hahn abläuft.

DEZEMBER

❦

Eine Erinnerung an einen mystischen Honig

gefolgt von

der Kunst, den Unterschied zwischen Honig und Honig zu schmecken

FRISCH GESCHLEUDERTER HONIG ist flüssig und klar. Aber früher oder später, je nachdem, aus welchen Blüten er erzeugt wurde, beginnt er zu kristallisieren und wird fester und trüber. Dann muss er täglich umgerührt werden, damit er eine gleichmäßigere und cremigere Konsistenz bekommt. So wollen wir es in Schweden haben. Wenn wir Honig aufs Brot gestrichen haben, soll er nicht zwischen den Zähnen knirschen. In vielen anderen Ländern macht es den Leuten nichts aus, wenn er knirscht, und verwendet man ihn als Zutat beim Kochen oder anstelle von Zucker im Tee, spielt es ohnehin keine Rolle.

Der Hochsommerhonig dieses Jahres aber war seltsam. Früher konnte ich diesen Honig nach ein paar Wochen in Gläser füllen, aber jetzt hat es bis in den November gedauert, bevor er überhaupt begann, etwas dicker zu werden. Außerdem war er dunkler als sonst, und der Geschmack war anders, runder und mit einem pikanten bitteren Einschlag. Normalerweise schmeckt er leicht nach Pfefferminz, weil der Großteil des Nektars von den Linden stammt, die im Juli hier die Straße entlang blühen. (Man könnte vielleicht glauben, dass der Honig so schmeckt, wie die Blüten, von denen der Nektar geholt wird, duften, aber so verhält es sich nicht.) Was hatten meine Bienen also eingesammelt?

Auch Lennart Kuylenstierna hatte dieses Jahr einen anderen Honig – unsere Bienen haben ja dasselbe Einzugsgebiet –, und nachdem wir miteinander konferiert hatten, ging er zu Professor Åke Hansson, dem Verfasser von *Bin och biodling* (Bienen und Imkerei), der Bibel vieler Imker. Hansson wohnt ebenfalls in Lund, und Lennart kennt ihn persönlich, weil er Schuhfabrikant war und jetzt, als Pensionär, für Leute mit empfindlichen Füßen Schuhe von Hand anfertigen lässt, so auch für Åke Hansson. Dies hat wiederum dazu geführt, dass Lennart anfing, sich für Bienen zu interessieren, und sich irgendwann eigene angeschafft hat.

Wenn mein Mentor in der Bienenwelt John Larsson ist, dann ist Lennarts Åke Hansson. Aber die Ansichten der beiden Herren über die technischen Details der Imkerei – zum Beispiel über die Anzahl der Rähmchen, mit denen man seine Völker überwintern lassen sollte – unterscheiden sich deutlich. Ebenso wie ihre Sicht auf das Leben. Hansson vertritt die naturwissenschaftliche Kultur, Larsson die des Volkes, in den Siebziger- und Achtzigerjahren ein sehr wertgeschätzter Begriff. Der eine schrieb Bücher, der andere misstraute der Bücherweisheit.

Aber manchmal, wenn ich ratlos bin und John nicht behelligen möchte, wende ich mich an Lennart, und der, wenn er ebenfalls unsicher ist, fragt Åke Hansson. Gelegentlich hat mich das in eine kniffflige Lage gebracht, wenn John später meine Bienenstöcke inspizierte. Warum ich das so und nicht so gemacht hätte? Ob ich meine Bienen vielleicht umbringen wolle? Als sei ich fremdgegangen. Mein Rat an Sie, wenn Sie überlegen, ob Sie sich Bienen anschaffen sollten: Suchen Sie sich einen Guru und bleiben Sie ihm treu.

Zurück zu unserem verblüffenden Honig. Lennart bat Åke Hansson, diesen zu analysieren, und sein Ergebnis lautete wie folgt:

1) Die ausgeprägtere Flüssigkeit beruhe darauf, dass es in unserem Viertel neben den Linden auch viele Robinien gebe, *Robinia pseudoacacia*. Sie hätten im Sommer üppig geblüht, und unsere Bienen hätten reichlich Nektar von ihnen geholt. Reiner Robinienhonig sei sehr hell und gehöre zu den Sorten, die niemals kristallisierten.

2) Der Geschmack und die dunkle Farbe kämen daher, dass es im Juli kaum geregnet habe. Normalerweise wendeten sich die Bienen nach der Robinienblüte den Linden zu, aber aufgrund der Trockenheit hätten deren Blüten weniger Nektar gegeben als üblich. Dagegen habe es jede Menge Blattläuse gegeben, die sich von dem zuckerreichen Blättersaft ernährt hätten. Der sei, nachdem er ihr Inneres passiert habe, als klebrige, süße Aussonderung herausgekommen – Honigtau –, und um den hätten sich unsere Bienen mehr als gern gekümmert. Blatt- oder Waldhonig nennt man diesen speziellen Honig in Imkerkreisen. Wenn man sagt, was er eigentlich enthält – Lennart nennt ihn Läuseköttelhonig –, sind die Leute nicht mehr so scharf darauf, ihn zu essen. Was schade ist, denn er schmeckt hervorragend.

Wie sollen wir nun die Spezialmischung des Jahres – Robinienhonig plus Blattlaus-ähem-honig – nennen? »Adventshonig«, schlägt Lennart vor, und mir fällt auch nichts Besseres ein. Das Weihnachtsgeschenk an die Feinschmecker in der Familie.

Honig ist nicht gleich Honig

>> Honig ist ein balsamisches Wesen, das die Eigenschaft besitzt, zu trocknen und alle überflüssigen Flüssigkeiten sogar austreiben zu können, es widersteht der Fäulnis, treibt den Urin, löst den zähen Schleim, stärkt den Magen, lindert Schwellungen, heilt Halsleiden, hilft gegen Husten und andere Gebrechen. <<

Aus *Afhandling om skånska biskötseln*
(Abhandlung über die schonische Imkerei), *1759*

So, wie es Weinkenner gibt, die die Herkunft eines Weins herausschmecken können, gibt es auch Honigkenner, die identifizieren können, welche Art von Honig ihnen dargeboten wird, nicht nur, von welchen Blüten die Bienen den Nektar geholt haben, sondern auch, wo diese Blüten gewachsen sind. *Le terroir*, wie es in Expertenkreisen heißt, meistens allerdings, wenn es um Wein geht.

Wie wird man zu einem Honigexperten? Der Franzose Michel Gonnet war der Erste, der die sogenannte sensorische Analyse, oder die Sensorik, auf Honig angewendet hat[1]. Im Auftrag der internationalen Imkerorganisation Apimondia hat er in den Achtzigerjahren einen Lehrplan für die Honigverkostung ausgearbeitet und damit das heutige Interesse an den Geschmacksqualitäten des Honigs begründet.

Der einzige Ort auf der Welt, an dem man eine gediegene Ausbildung in sensorischer Honiganalyse erhält, ist das landwirtschaftliche Forschungsinstitut Crea in Bologna, wo mittlerweile über dreihundert *assaggiatori ufficiali di miele* ihre Prüfung abgelegt haben. Eine der wenigen Ausländerinnen, die mit diesem Titel angeben können, ist die Amerikanerin Marina Marchese. Sie nennt sich *honey sommelier*, hat The American Honey Tasting Society gegründet und das Buch *The Honey Connoisseur* geschrieben. Die beste Art, sich die Fähigkeit zur Beurteilung

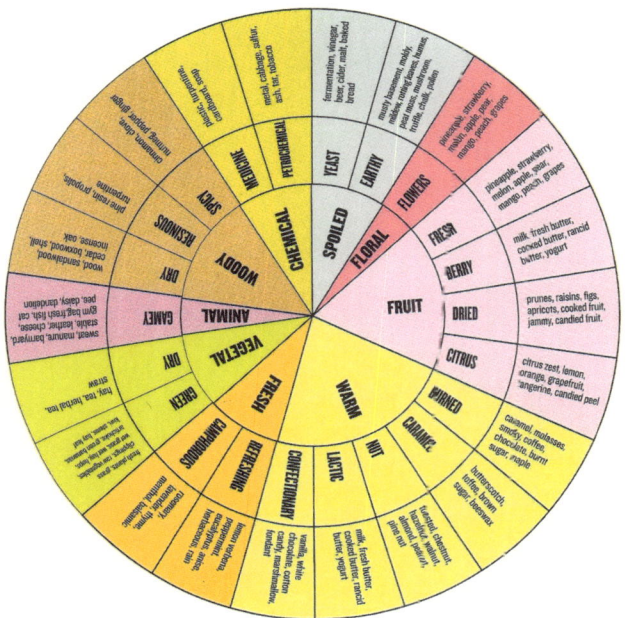

Ein Verkostungsbogen aus The Honey Connoisseur *von Marina Marchese. Man beginnt, indem man gröbere Geschmackskategorien aus der Mitte des Kreises wählt – z. B. warm, frisch, animalisch, chemisch, fruchtig –, und dann arbeitet man sich mit immer präziseren Bezeichnungen nach außen vor. Ein warmer Geschmack kann zu Kaffee, Schokolade, Karamell, gerösteter Kastanie oder Joghurt werden. Oder zu etwas anderem. Eine Wissenschaft für sich!*

von Honig anzueignen, bestehe darin, sich von verlässlichen Imkern Geschmacksproben zuschicken zu lassen und sie miteinander zu vergleichen, empfiehlt sie. Man notiert ihre Farbe, ihren Geruch, ihre Konsistenz und ihren Geschmack. Am besten sei es natürlich, mit mehreren Leuten zusammenzusitzen und sich über die unterschiedlichen Sorten auszutauschen.

Es gibt auch Schweden, die das Institut besucht haben, allerdings bisher nur auf niedrigen Ausbildungsstufen. Viktoria Bassani, die im schonischen Vellinge Bienen hält und im ganzen Land beliebte Honigverkostungen anbietet, hat ihr Examen nicht in Italien abgelegt, sondern an der Universität von Ade-

Apothekengefäß mit
Rosmarinhonig aus
Narbonne, der schon zur
Römerzeit berühmt war.

laide in Australien, wo sie zwei Jahre lang *sensory assessment*, die sensorische Beurteilung, von Wein studiert hat. Im Prinzip sei es kein Unterschied, ob man Wein oder Honig beurteile, meint sie. Es gehe darum, dass man seine Sinne trainiert habe. Allerdings habe es natürlich seine Zeit gedauert, bis man sie an etwas dem Wein so Wesensfremdes wie Honig gewöhnt habe.

Aber Honigkenner gab es schon lange, bevor man sich dazu ausbilden lassen konnte. Plinius der Ältere meinte, der allerbeste Honig komme vom Bergrücken Hymettus in Attika und aus Hybla auf Sizilien, der zweitbeste von der Insel Calydna, dem heutigen Kalymnos. Ein etwas aktuellerer Honigexperte hieß John Milton, nicht zu verwechseln mit dem gleichnamigen Dichter aus dem 17. Jahrhundert. Er betrieb auf The Strand in London ein Geschäft, in dem er Honig und Imkerausrüstung verkaufte, und schrieb das Buch *The Practical Beekeeper*, das 1851 erschien und in dem unter anderem Folgendes stand:

»Der teuerste Honig auf dem Londoner Markt stammt von Menorca. Er schmeckt wie Orangenblüten, besitzt eine goldene Farbe und ist körnig, aber nicht besonders fest. Er wird in lustigen Krügen mit vier kurzen Handgriffen importiert. Der Honig aus Narbonne bekommt seinen Geschmack von den vielen aromatischen Kräutern, die in diesem Teil Frankreichs im Überfluss wachsen, Thymian, Rosmarin usw.

Ein weißer Honig, der diesem sehr ähnlich ist, wenn auch körniger, stammt aus Caen in der Normandie. Er wird in Fässern und Krügen in römischer Art und wechselnden Größen importiert. Das Tal von Chamonix ist bekannt für seinen außerordentlichen Honig.

TAL,

Om

LÅCKERHETER,

Både i fig fjelfva fådana, och för fådana anfedda genom Folkflags
bruk och inbillning,

Hållet för

KONGL. VETENSKAPS ACADEMIEN
Vid Præfidii nedläggande,

Den 3 Maj 1780,

Åf

BENGT BERGIUS,

Banco-Commiffarius, Ledamot af Vetenfkaps Sällfkap. i Tröndhiem,
Zelle, Lund, Götheborg, Nat. Curiof. i Berlin famt
Patriot. Sällfk. i Stockholm.

Förra Delen.

FÖR LEF ERE OMMANDE

STOCKHOLM,
Tryckt hos Johan Georg Lange, 1785.

Tal om läckerheter (Über die Leckereyen) *ist einer der Klassiker der
schwedischen gastronomischen Literatur. Darin beschreibt Bengt Bergius
Delikatessen, die die Menschen seit der Antike genossen haben.*

Kein einzelnes Aroma dominiert, was dazu führt, dass er den meisten Gaumen behagt. Er wird in sehr geschmackvoll gestalteten Gefäßen oder Fässern aus Holz geliefert. Westindischer Honig kommt in erster Linie aus Jamaika. Er ist von außerordentlicher Qualität, ziemlich körnig und in England sehr beliebt. Indischer Honig wird in Glasflaschen importiert, duftet kräftig, ist von ziemlich dunkler Färbung, aber in England nicht besonders geschätzt, vielleicht aufgrund seines sehr kräftigen Geschmacks. Honig aus Sevilla besitzt einen delikaten Mandelgeschmack und bleibt dick und klebrig. Den Honig, der aus den Pyrenäen importiert wird, schätzt man wegen seines Himbeergeschmacks.

Ich habe nun mehrere vortreffliche Honigsorten genannt, aber ich glaube nicht, dass eine von ihnen die englischen übertrifft, schon gar nicht den Honig, den man aus der Blüte des weißen Klees gewinnt. Dieses Kraut, von den Bienen so begehrt, wächst auf unserer Insel im Überfluss. Wir bekommen auch Honig vorzüglichster Qualität aus Northumberland und dem schottischen Hochland. «

Mehrere der von Milton gepriesenen regionalen Honigsorten gelten nach wie vor als besonders edel.

Auch der schwedische Historiker Bengt Bergius (1723–1784) war ein Honigkenner, allerdings von einem anderen Schlag als Milton. Der Riesenvortrag *Tal om läckerheter (Über die Leckereyen)*, den er im Jahr 1780 vor der Akademie der Wissenschaften hielt, behandelte im Grunde alles auf dieser Welt, das jemals als wohlschmeckend beschrieben worden war, von gebratener Boa bis zu Elefantenrüsseln. Allerdings war Bergius nie im Ausland gewesen und hatte kaum eine dieser Delikatessen selbst probiert. Dagegen hatte er Jahre dafür geopfert, die Urteile anderer Verfasser zusammenzutragen.

Über Honig wusste er unter anderem zu berichten, dass in Frankreich viele meinten, der vorzüglichste stamme aus Narbonne. Dieser sei weiß, dick, körnig und süß und dufte nach Rosmarin. Einer der Kenner, die Bergius gelesen hatte, habe behauptet, der Narbonne-Honig sei der beste in ganz Europa, während ein anderer der Meinung anhänge, der Rosmarinhonig aus Menorca sei genauso gut, vielleicht sogar besser.

Auf diese Weise fährt er fort, beginnend mit Plinius, Honigbeschreibungen wiederzugeben. Von seinen zeitgenössischen Gewährsleuten schätzte einer den Alpenhonig aus Appenzell in der Schweiz, während ein anderer eifrig für den spanischen Rosmarinhonig aus Alcarria plädierte. Den Honig aus Podor im Senegal fand ein französischer Botaniker »so köstlich, dass er den besten im südlichen Frankreich übertraf«.

Über schwedischen Honig aber verliert Bergius kein einziges Wort! Im Unterschied zu Milton scheint er den einheimischen Honig nicht für wertvoll genug zu halten, dass er sich damit befassen würde:

›› Ich nehme als ausgemacht an, dass der vortrefflichste Honig im südlichen Europa gesucht werden müsse: indessen kann man bey uns im Norden nicht bestimmen, welche unter diesen Arten die vorzüglichste ist, da bloß eine und die andre Gattung, vornehmlich aus der Provence, zu uns kommt. ‹‹

Hatte Bergius recht? Wir reisen heute mehr als irgendwer vor uns, und die Möglichkeiten, unterschiedliche Honigsorten zu kosten, sind größer denn je. Tun Sie es! Die meisten Museen auf den Seiten 215 und 216 verkaufen lokalen Honig. Außerdem gibt es eine Reihe von Spezialgeschäften für Honig. Sie finden eine Liste ganz hinten im Buch, auf Seite 216.

ANMERKUNGEN

1   Die Methode der sensorischen Analyse beinhaltet, dass Experten Lebensmittel anhand der Optik, des Geruchs, des Geschmacks, der Haptik und eventuell auch der Akustik beurteilen und diese Beurteilungen anschließend wissenschaftlich bearbeiten.

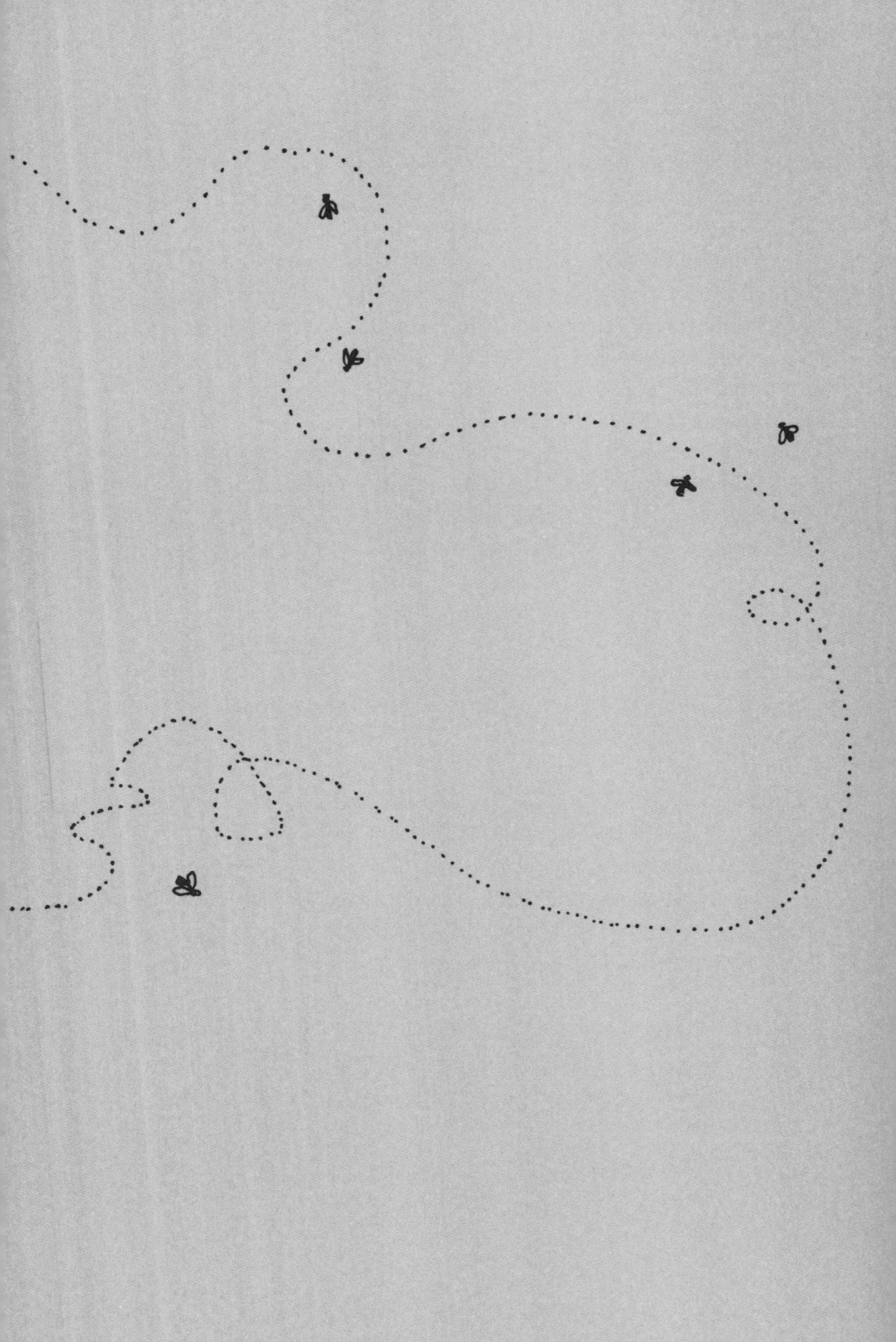

ZWEITER
TEIL

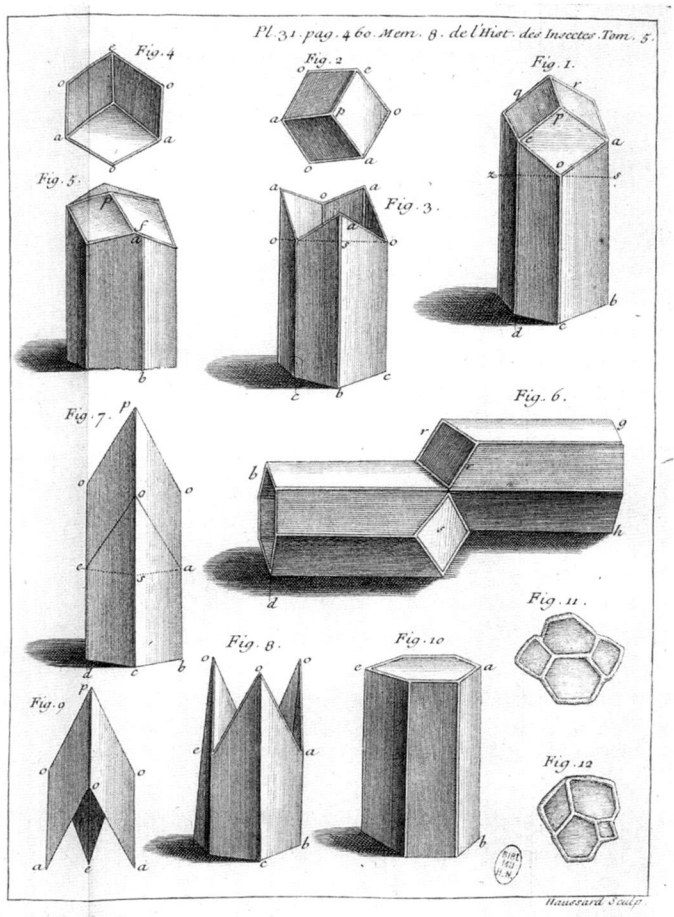

Imkerei und Imker verändern sich ständig, aber die Honigbienen tun, was sie immer getan haben, zumindest soweit es ihnen möglich ist. Ihre sechskantigen Wachszellen können nicht verbessert werden. Größtmögliches Volumen bei minimalem Materialverbrauch. Das Bild stammt aus Réaumurs Mémoires pour servir à l'histoire des insectes *von 1750.*

DER ERSTE TEIL dieses Buchs handelt, mit gewissen Abschweifungen, von der Geschichte der Bienen und der Imkerei in naher und ferner – manchmal sehr ferner – Vergangenheit. Dieser zweite Teil beschäftigt sich mit der Gegenwart, die ja immer bedeutend schwerer zu greifen ist. Klar, man erkennt die groben Linien: auf der einen Seite riesige wirtschaftliche Interessen – die chemische Industrie und die industrialisierte Landwirtschaft. Auf der anderen Seite die Bienen und andere Bestäuber, deren Überleben durch diese Industrie bedroht ist. Wer gewinnt? Die Roboterbiene, die alles aushält, ist schon in der Entwicklung.

Aber unten auf dem Bienenstockniveau ist die Lage unüberschaubar. Es gibt Berufsimker, Hobbyimker, traditionelle Imker, alternative Imker, Königinnenzüchter, Bienenzüchter, Baumimker, Aktivimker, Wanderimker und Stadtimker. Manche halten Buckfast-Bienen, andere Kärntner oder Dunkle Europäische Bienen oder auch gelbe Italienische Bienen. Manche bevorzugen ein Beutenmodell, manche ein anderes oder ein fünftes oder zehntes. Und die Wissenschaft kommt mit ständig neuen Erkenntnissen, obwohl *Apis mellifera* das Tier ist, das ohnehin am meisten erforscht wurde. Unter anderem hat man erstaunliche Übereinstimmungen zwischen einem Bienenschwarm und Entscheidungsprozessen im menschlichen Gehirn gefunden.

Ich hoffe, dass die Berichte von einigen Ausflügen in die Imkerwelt der vergangenen Jahre zumindest einen Eindruck davon vermitteln, wie bunt diese ist.

Imkertreffen in Ultuna im August 1948. Wie anders sehen diese gesetzten Herrschaften aus, verglichen mit dem lässig gekleideten Publikum der BEECOME 2016, auf der mindestens so viele Frauen waren wie Männer. Früher erledigten die Frauen viele der Imkerarbeiten, die zu Hause anfielen, aber das Vereinsleben fand ohne sie statt, es sei denn, sie kochten den Kaffee. Erst gegen Ende des 20. Jahrhunderts war »Imker« kein reiner männlicher Begriff mehr. Auch die Bienenstöcke haben sich verändert. Trogbeuten aus Holz sieht man heute nur noch selten. Jetzt beherrschen Magazinbeuten aus Styropor das Bild.

BEECOME,
BEESINESS
UND
BEEDEALISMUS

RSTMALS FINDET DER alljährliche europäische
Imkerkongress BEECOME in Schweden statt. Imkerei für eine nachhaltige Zukunft ist das Thema, der
Ort das Eventzentrum Malmö Live, es ist das Jahr
2016. Veranstalter sind die Berufsimker, der Imkerverband (der
frühere Schwedische Reichsimkerbund) und die Europäische
Erwerbsimkervereinigung E.P.B.A. sowie die Staatliche Landwirtschaftsuniversität. Forscher, Sterneköche, Repräsentanten
der schwedischen und ausländischen Imkerorganisationen,
Vertreter von Behörden und der EU sowie ganze Busladungen
von Erwerbs- und Hobbyimkern sind hier, um im Laufe von
drei Tagen an einem Programm teilzunehmen, das mit Debatten, Vorträgen und Workshops gespickt ist. Die Themen reichen von der Bekämpfung der tödlichen Varroamilbe über die
Auswirkungen des Klimawandels auf die Bienenhaltung bis zu
Metherstellung und Beutenbau.

Die Imkerwelt hat sich – wie der Rest der Welt – wahrlich
verändert, seit ich selbst Bienen besessen habe. Kongresse mit
Tausenden von Besuchern und internationalen Gästen waren
damals so unvorstellbar wie Schwimmwettbewerbe auf dem

173

Mond. Imkerei war – besonders auf organisatorischer Ebene – eine männlich dominierte und ziemlich provinzielle Angelegenheit. Jetzt hat der Imkerverband seine erste Vorsitzende, und vierzig Prozent aller neu beginnenden Imker sind junge Frauen. Ich denke an meine alten Bekannten vom SSBF, dem Südschwedischen Imkerverein, und frage mich, was sie von der Veranstaltung gehalten hätten. Vermutlich hätten sie erklärt, der Eintritt sei viel zu teuer und außerdem wüssten sie schließlich alles, was ein Imker wissen müsse.

Es kommen Aussteller von nah und fern. Der türkische Imkerverband TAB wirbt für ein Pinienhonig-Seminar, das im Herbst an der türkischen Riviera angeboten wird. Man kann englische Teeservices mit Bienenmotiven kaufen, chemische Präparate aus Italien, die gegen Bienenkrankheiten und Parasiten helfen sollen, und Schönheitsprodukte mit Gelée royale aus Frankreich. Man kann Holzbeuten aus Estland bestellen, Styroporbeuten aus England und Bienenköniginnen aus Malta. Großer Nachfrage scheinen sich die pastellfarbenen Schutzoveralls aus England zu erfreuen. Auch die Metverkos-

Eine Varroamilbe als Riesenmodell. Es gibt Mittel dagegen – Oxalsäure, Milchsäure, Ameisensäure und Thymol. »Wird ein Bienenvolk von Varroamilben angegriffen, müssen sie bekämpft werden, sonst wird es sterben«, schreibt das Landwirtschaftsamt. Aber es gibt auch die Auffassung, dass die Bienen nie eine natürliche Resistenz gegen die Varroamilbe entwickeln, wenn man diese ständig bekämpft; und es ist tatsächlich vorgekommen, dass unbehandelte Bienen resistent geworden sind.

tungen locken viele an. Dass Bienenhaltung auch Business bedeutet, ist
offensichtlich.

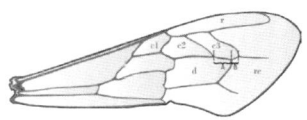

Aber es gibt auch Idealisten, die
nicht hier sind, um Geld zu verdienen. Ich bleibe an einem Stand mit
Informationen über *Apis mellifera
mellifera* hängen, die ursprüngliche
europäische Biene, die als Dunkle
Europäische Biene bezeichnet wird.

*Die sogenannte Cubitalindex-
messung gilt als zuverlässige
Methode, die Unterart und
Zuchtreinheit einer Biene zu
bestimmen. Hier der Flügel einer
Dunklen Europäischen Biene.*

Ingvar Arvidsson erzählt, sie sei bis
zum Ende des 19. Jahrhunderts die einzige Biene gewesen, die
in Mittel- und Nordeuropa gehalten wurde, von Irland bis zum
Ural und von den Alpen bis zum mittleren Skandinavien. Nachdem jedoch im 19. Jahrhundert die gelbe Italienische Biene,
Apis mellifera ligustica, und die Kärntner Biene, *Apis mellifera
carnica*, im Norden eingeführt worden seien, habe ihre Ver-
drängung begonnen. Als Bruder Adams Buckfast-Biene in den
1970er-Jahren ihren Siegeszug antrat, galt *Apis mellifera mellifera* als mehr oder weniger ausgestorben.

Erst in letzter Sekunde hat sich der Wind gedreht. In Schweden starteten einige Enthusiasten, unter ihnen Ingvar Arvidsson, das Projekt *Nordbi* (Nordbiene, 1990) und später die *Nord-
biförening* (Verein Nordbiene, 1997). Als Allererstes galt es
herauszufinden, wie viele dunkle Völker noch im Land exis-
tierten. Es wurden Fragebögen versandt, und erfreulicherweise
stellte sich heraus, dass es immer noch fünfhundert mehr oder
weniger reinrassige Völker gab, unter anderem in Jämtland,
Västerbotten und Dalsland. Man wählte die besten aus und
verwendete ihre Königinnen für die Zucht.

Auch in anderen Ländern begann man sich für die ursprüngliche Biene zu interessieren, entdeckte Überlebende und setzte
sich für eine Vergrößerung des Bestands ein. 1995 gründeten sechzehn europäische Länder, von Irland im Westen bis

Russland im Osten, eine Kooperationsgemeinschaft namens SICAMM.

Aber was ist das Besondere an der dunklen Variante von *Apis mellifera mellifera*?

»Dass sie eine robuste Biene ist, die sich an unser Klima und unsere Fauna angepasst hat und eine lange Lebensdauer hat«, sagt Ingvar Arvidsson begeistert. »Sie übersteht den Winter besser als andere Bienen, braucht nicht besonders viel Winterfutter und sammelt auch Nektar, wenn es kalt und windig ist.«

Eine Frau bleibt stehen und hört zu.

»Diese dunkle Biene will man nicht haben!«, sagt sie zornig. »Die ist so verdammt reizbar!«

Das hört er nicht das erste Mal.

»Das glauben viele, dabei ist sie eine sehr friedfertige Biene. Ihr Ruf hat erst gelitten, seit andere Bienenrassen importiert werden. Wenn die dunkle Biene sich mit anderen Unterarten kreuzt, können sehr aggressive Hybridvölker entstehen.«

Auch wenn es mir ein bisschen unhöflich vorkommt, frage ich, ob die Leute manchmal glauben, der Kampf für diese nordische Biene habe mit rechtsextremen Bewegungen wie Nordfront oder der Nordischen Widerstandsbewegung zu tun.

Ingvar Arvidsson seufzt.

»Ja, aber das ist ein großes Missverständnis. Das Projekt Nordbiene und der Verein Nordbiene sind keine nationalistischen Kampforganisationen, ganz im Gegenteil, wir sind für Vielfalt, und genau deshalb soll die dunkle Biene weiterleben können.«

Ich wünsche ihm viel Glück und gehe weiter, es gibt noch so viel zu entdecken. Zum Beispiel, dass in Höör ein zweijähriger Fernstudiengang zum Erwerbsimker angeboten wird; dass der Verein *Svenska Bin* (Schwedische Bienen) das Projekt *Bee Welcome* betreibt, das Imker im ganzen Land ermuntern soll, frisch Zugewanderten die Möglichkeit zu geben, bei ihnen zu helfen und zu arbeiten; und dass die EU in Sophia Antipolis in Frankreich ein Referenzlabor für Bienengesundheit unterhält.

Bienen gibt es hier allerdings nicht. Dafür sind ihre Produkte zahlreich vertreten, und zwar nicht nur Honig. Propolis
ist der duftende Kitt, den die Bienen aus Harz, Speichel und
Wachs herstellen, um Risse und Löcher im Bienenstock abzu-
dichten und dadurch Bakterien und andere unwillkommene
Gäste fernzuhalten. John Larsson hat davon immer etwas abge-
kratzt, um darauf herumzukauen. Damit er sich nicht erkälte,
meinte er.

Aber was ist das?

»Bitte schön, Sie dürfen gern probieren«, sagt die Verkäu-
ferin und hält mir eine Schale mit kleinen, braun gestreiften
Klümpchen hin.

Ich zögere. Aber es ist nicht das, wonach es aussieht, sondern eine fermentierte Mischung aus Pollen und Nektar, die
Bienenbrot genannt wird und große Mengen von Aminosäu-
ren, Vitaminen und anderen gesunden Nährstoffen enthalten
soll. Die Bienen füttern damit ihre Arbeitsbienen und Droh-
nenlarven. Anfang der 2000er-Jahre wurde in Lettland eine
Methode erfunden, es in großen Mengen zu ernten, und jetzt
wird es als Gesundheitsnahrung für Menschen vermarktet.

»Wird man davon so fleißig wie eine Biene?«, fragt ein
humoristischer Herr. »Oder faul wie
eine Drohne?«

Ich knabbere an einem Bienenbrot, das etwas säuerlich schmeckt.
Warum durften die Bienen es nicht
behalten? Ihre Brut braucht es drin-
gender als wir.

Beim abschließenden Plenum geht
es unter anderem darum, wie Landwirte und Imker zusammenarbei-
ten können und welche politischen
Beschlüsse gefasst werden müssten.
Selbstverständlich kommt auch die

*Bienenbrot. Die Bienen
füttern damit ihre Larven, die
Menschen essen es, um sich
gut zu fühlen.*

In England, aber auch in Deutschland und Frankreich haben Imker gegen den Einsatz von Insektiziden, die Bienen und andere Bestäuber töten, sowie ihre Produzenten massiv demonstriert. 2018 hat die EU die drei schlimmsten Neonicotinoide verboten, aber viele bienenfeindliche Substanzen sind immer noch auf dem Markt.

Frage nach den giftigen Neonicotinoiden auf den Tisch. 2013 hat die EU für Raps- und Ölrübenfelder ein vorläufiges Neonicotinoid-Verbot eingeführt. Jytte Guteland, Mitglied im Ausschuss für Umwelt, Gesundheit und Lebensmittelsicherheit des EU-Parlaments, sagt, wegen der Bienen und des Ökosystems insgesamt sei es nötig, die Regelungen zu verschärfen.

Darauf antwortet Julian Little, Sprecher des eigenen *Bee Care Program* des Chemieriesen und Neonicotinoidherstellers Bayer, die eigenen Forscher hätten festgestellt, dass Bienen nur unter Laborbedingungen von Neonicotinoiden geschädigt würden. Forscher, die nicht an die Chemieindustrie gebunden sind, haben ganz andere Resultate vorgelegt. Hier auf dem Kongress hat zum Beispiel der Kanadier Geoff Williams berichtet, dass diese Stoffe nicht nur den Arbeitsbienen schaden, sondern auch den Königinnen, die unter ihrem Einfluss schlechter Eier legen und früher sterben. Aber Doktor Little sagt, wir müssten die Wirklichkeit sehen, wie sie ist:

»Was wären denn die Folgen, wenn wir mal das eine und mal das andere verbieten? Natürlich können wir den Bauern sagen, dass sie ganz mit dem Landbau aufhören oder nur eine begrenzte Fläche bewirtschaften sollen. Aber dann haben wir das Problem, dass Europa von Importen aus anderen Ländern abhängig wird, um seine Bevölkerung zu ernähren, und das ist nicht akzeptabel.«

Marie-Pierre Chauzat vom europäischen Referenzlabor für Bienengesundheit widerspricht.

»Die Landwirtschaft ist früher ohne Gifte zurechtgekommen, und jetzt kann sie das auch. Wir müssen *mit* der Natur arbeiten, nicht gegen sie.«

Applaus vom Publikum. Dann bekommt Lasse Hellander das Wort, der Vorsitzende des Schwedischen Imkerverbands und Öko-Landwirt:

»Es geht nicht nur um die chemische Industrie und die Landwirte«, sagt er, »sondern auch um die Konsumenten, darum, ob sie bereit sind, den Mehrpreis für giftfreie Produkte zu bezahlen.«

Geld, Geld, Geld. Ein bisschen Geld, mehr Geld, unfassbar viel Geld. Auf einer Veranstaltung wie dieser kann man zuweilen den Eindruck gewinnen, dass es beim Imkern um nichts anderes mehr geht.

Aber das täuscht.

Karte von Læsø um 1900.

DER
BIENENKRIEG
VON LÆSØ

L ÆSØ LIEGT IM KATTEGAT, auf halber Strecke zwischen Fredrikshavn in Dänemark und Göteborg in Schweden, ist etwas größer als Sylt und hat knapp zweitausend Einwohner. Die Insel ist berühmt für ihre Kaisergranate, ihre Salzsiederei, ihre reetgedeckten Häuser (von denen es nicht mehr viele gibt), ihre Sandstrände und die Künstler Per Kirkeby und Asger Jorn, die dort gewohnt und gearbeitet haben. Außerdem ist sie für ihre dunklen Bienen bekannt, die in Schweden schwarze Bienen genannt werden.

Das erste Mal hatte ich von ihnen gehört, als Ingvar Arvidsson auf der BEECOME erzählte, er habe auf Læsø eine besonders reine Population der Unterart *Apis mellifera mellifera*, der ursprünglichen europäischen Biene, gefunden und diese Insel sei der einzige Ort in Dänemark, an dem diese Bienen noch lebten. Als jedoch ein Gesetz in Kraft getreten sei, das dort andere Bienenunterarten verbot, hätten sich jene Imker, die dort die gelbe Italienische Biene hielten, empört. Eine Art von Bürgerkrieg sei losgebrochen und habe über mehrere Jahre angehalten.

Ingvar Arvidsson schien kein Mann zu sein, der zu Übertreibungen neigte, aber konnte das wirklich stimmen? Als ich nach Hause kam, googelte ich nach dem »Bienenkrieg auf Læsø« und fand jede Menge Artikel, Gutachten, einen Wikipedia-Artikel, Gesetzesvorschläge, Anzeigen, Gerichtsurteile und Debatten im Folketing, dem dänischen Parlament. Alles zusammen ergab das Bild einer Eskalation, die jeden, der Imker für ein friedfertiges und gutmütiges Volk gehalten hatte, eines Besseren belehrte. Ingvar Arvidsson hatte nicht über-, sondern eher untertrieben.

Ich mag Krieg zwar in keiner Form, aber jetzt hatte ich, nachdem ich schon lange davon geträumt hatte, die Insel zu besuchen, endlich einen Anlass gefunden, nach Læsø zu reisen. Zuerst musste ich mich jedoch in das Thema einlesen. Hier eine Zusammenfassung:

1983 beantragte der Schuldirektor Alfred Petersen beim Staatlichen Bienengesundheitsamt, dass Læsø ein reines Zuchtgebiet für die Dunkle Europäische Biene werden sollte, die einzige Unterart, die es auf der Insel gab, bis in den Siebzigerjahren einige Imker dort die gelbe Italienische Biene, *Apis mellifera ligustica*, einführten. Das Amt genehmigte Petersens Antrag, aber die Besitzer der Italienischen Bienen ignorierten den Beschluss einfach. Da konnte doch nicht irgendjemand kommen und ihnen vorschreiben, welche Art von Biene sie halten sollten.

Jetzt fragen sich vielleicht manche, warum denn gelbe und dunkle Bienen nicht einfach zusammenleben könnten? Die beiden Unterarten vertrugen sich schließlich hervorragend. Aber genau das war das Problem: dass sich dunkle Königinnen fröhlich von gelben Drohnen befruchten ließen. Wenn es mit den Kreuzbefruchtungen weiterging, würde es am Ende auf Læsø nur noch Hybridbienen geben und wertvolles genetisches Material wäre für immer verschwunden. So betrachteten Bienenforscher und dunkle Imker die Sache.

Für die gelbe Seite waren die Honigproduktion und die Wirtschaftlichkeit die entscheidenden Punkte. Weil die gelben Bienen mehr Honig erzeugten als die dunklen, wollten die Imker sie behalten, und wenn ihre Königinnen ein Techtelmechtel mit dunklen Drohnen eingingen, hatten sie nichts dagegen einzuwenden. Vermischte Völker schienen besonders fleißig zu sein, während die dunkle Biene allein, so hieß es von Seiten der Widerständler, kränklich und weniger produktiv sei.

Im Laufe der Zeit wurden die Gräben zwischen Dunkel- und Gelbimkern immer tiefer. Die verfeindeten Parteien hörten auf, einander zu grüßen, was auf einer kleinen Insel nicht unbemerkt blieb. Viele von ihnen waren miteinander verwandt, und auf fünfzigsten Geburtstagen, Konfirmationen, Hochzeiten und Beerdigungen kam es zu peinlichen Ereignissen. Die Gelben gründeten *Den frie biavlerforening* (Der Freie Imkerverein), während sich die Dunklen in *Læsøs biavlerforening* (Læsøs Imkerverein) organisierten, einer Unterabteilung des großen Dänischen Imkervereins, der unserem Schwedischen Reichsimkerbund entspricht. Dem Establishment also. Forscher verfolgten die genetischen Veränderungen bei den dunklen Bienen, und es ist nur zu beklagen, dass keine Ethnologen oder Sozialpsychologen vor Ort waren, um die sich wandelnden Einstellungen der jeweiligen Imkerfraktionen sowie die Ursachen dieser Konflikte zu studieren. Warum kam es zu diesem Wir-gegen-sie, und wovon hing es ab, auf welcher Seite der Front man landete? Eine ewig wiederkehrende Frage in der menschlichen Geschichte, im Großen wie im Kleinen.

So ging es weiter, bis der Staat 1993 Partei ergriff. Das Landwirtschafts- und Fischereiministerium der damaligen sozialdemokratischen Regierung legte einen Gesetzesentwurf vor, der dem zehn Jahre alten Antrag von Schuldirektor Petersen folgte. Die einzige Biene, die es auf Læsø geben sollte, war *Apis mellifera mellifera*, und das stand im Einklang mit dem Ziel der Biodiversitätskonvention von Rio de Janeiro, die Vielfalt der Flora und Fauna zu sichern. Wer gelbe Bienen hatte, musste sie entweder von der Insel wegschaffen, seine Königinnen gegen dunkle tauschen oder die Völker zerstören und eine vollständige Entschädigung für die Verluste erhalten.

Die kleine anarcho-populistische Fortschrittspartei unter Mogens Glistrup, der Vorläufer der Dänischen Volkspartei, protestierte energisch gegen diesen Entwurf. Sie hatte sich profiliert, indem sie generell gegen Steuern war – und gegen die damals großzügige Flüchtlingspolitik. Stattdessen forderte sie, dass es ab sofort keine Einwanderung aus islamischen Ländern mehr geben solle und dass diejenigen, die bereits da seien, nach Hause geschickt werden sollten. Was aber die Bienen auf Læsø betraf, hatte die Fortschrittspartei gegen Einwanderung und Rassenvermischung nichts einzuwenden. Ganz im Gegenteil. Sollten die dunklen Ursprungsbienen wieder zu Alleinherrschern auf der Insel werden, werde dies zu Inzucht führen, hieß es. Die Population sei zu klein, und Gene von draußen seien immer gut.

Der Gesetzesentwurf wurde von einer breiten Mehrheit des Folketings akzeptiert, und jetzt schlug der Krieg, der bislang eher unter der Oberfläche gegärt hatte, in offene Auseinandersetzungen um. Noch bevor das Gesetz in Kraft trat, wurden einige Bienenstöcke mit gelben Völkern zerstört. Bei einigen gelben Imkern, die sich weigerten, das Verbot zu beachten, wurde das Zuchtmaterial beschlagnahmt. Einer der gelben Generäle des Bienenkriegs, der Erwerbsimker Ditlev Bluhme, wurde vor dem Strafgericht in Fredrikshavn verklagt, weil er seine Bienen auf der Insel behalten und damit gegen das Gesetz verstoßen hatte. Über seinen Anwalt machte er geltend, dass das Verbot der gelben Bienen gegen die Bestimmungen des EU-Vertrags zum freien Binnenmarkt und gegen die Bedingungen für den Handel mit reinrassigen Tieren verstoße. Er verlor, ging aber in Berufung.

Nach vielem Hin und Her landete der Fall vor dem Europäischen Gerichtshof in Luxemburg. Das Urteil besagte, dass das dänische Gesetz zwar ein Handelshindernis darstelle, die Rücksicht auf eine bedrohte Bienenart aber schwerer wiege. 1:0 für die Bienen.

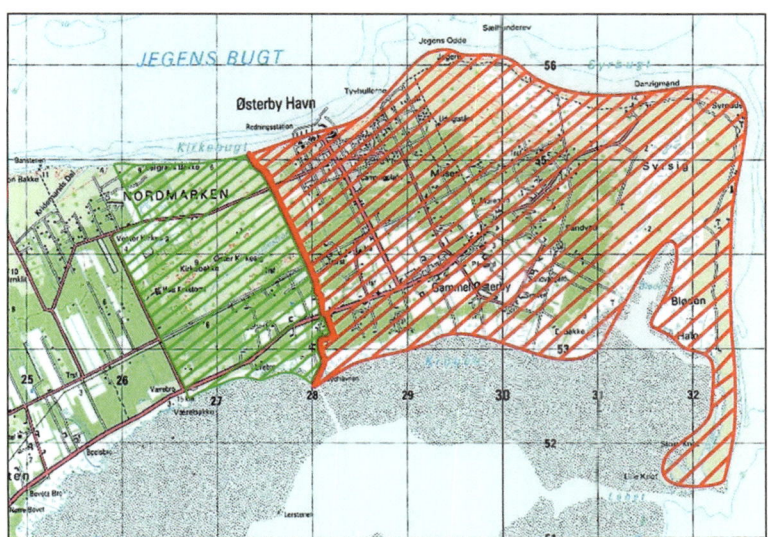

*Der nordöstliche Zipfel von Læsø. Innerhalb des rot schraffierten Gebiets darf es
während der Paarungszeit nur Apis mellifera mellifera geben, Dunkle Europäische
Bienen. Im Westen liegt eine Pufferzone, die verhindern soll, dass dunkle
Königinnen Drohnen anderer Unterarten treffen.*

Die gelbe Seite deutete es allerdings anders. »Unser Argu-
ment, dass das Læsø-Gesetz im Widerspruch zu den Römischen Verträgen steht, die Handelshindernisse verbieten, hat
Zustimmung bekommen. Das Urteil beinhaltet eine Kritik an
der Art, wie Behörden uns jahrelang daran gehindert haben,
den Fall vor den Europäischen Gerichtshof zu bringen«, verkündete Ditlev Bluhmes Anwalt und forderte, dass der Europäische Gerichtshof den Fall erneut behandeln solle, jetzt aus
dem Grund, dass der Gesetzesentwurf der EU hätte vorgelegt
werden müssen, bevor im dänischen Folketing darüber abge-
stimmt wurde.

Auf diese Weise ging es noch einige Jahre weiter, und das
Risiko, dass die dunklen Bienen sich so weit mit den gelben ver-
mischten, dass es irgendwann nichts mehr zu bewahren gab,

Christian Juul neben einem Bienenstock mit einem Schwarm, den er gerade gefangen hat. Die Bienen waren eine Mischung aus gelben und dunklen, aber das stört ihn nicht. »Die sind in der Regel sehr fleißig«, sagt er.

wuchs ständig. 2005 zeigte eine Untersuchung, dass nur noch 25 Prozent der Bienen auf Læsø überwiegend dunkel waren. Also nicht reinrassig, sondern nur mit überwiegend dunklen Genen.

Im letzten Augenblick trafen das Landwirtschafts- und Fischereiministerium der damaligen konservativen Regierung und die Imkervereine auf Læsø eine Übereinkunft, die beinhaltete, dass die östliche Landzunge der Insel in Zonen aufgeteilt wurde, die nach einigen Korrekturen auch heute noch Bestand haben. Eine zypriotische Lösung. Ganz im Osten dürfen sich während der Paarungszeit nur dunkle Bienenvölker aufhalten. Westlich der dunklen Zone gibt es eine sechs Kilometer breite Pufferzone, und der Rest der Insel ist für gelbe und Hybridstämme freigegeben. Nachfolgenden Untersuchungen zufolge scheint dieses System zu funktionieren. Solange es in der dunklen Nachbarschaft ausreichend viele geeignete Kavaliere gibt, fliegt keine Jungfernkönigin weiter nach Westen, um befruchtet zu werden.

Mittlerweile sind zwölf Jahre vergangen, seit die Insel geteilt wurde, und ich bin hier, um herauszufinden, welche Stimmung heute zwischen Gelb- und Dunkelimkern herrscht. Von Carl-Johan Junge, dem Vertreter der Dunklen, habe ich die Nachricht erhalten, dass er jeden Sonntag im Juli an der Waldhütte in der Klitplantage einen Vortrag hält. Ich müsse nur dorthin kommen. Was die Gelben betrifft, habe ich von dem Bienenforscher Per Kryger, der die Entwicklung auf Læsø verfolgt, den Tipp bekommen, Kontakt zu Christian Juul aufzunehmen. Ich erreiche ihn erst, als ich schon auf der Insel bin, aber es ist unkompliziert.

»Ich war ein bisschen krank«, sagt er am Handy, »aber jetzt bin ich wieder auf den Beinen, also kommen Sie doch einfach am Nachmittag vorbei.« Er wohnt auf einem Hof mit der hübschen Adresse *Vestre Himmerigsvej* (Westlicher Himmelreichsweg). Als Erstes entschuldigt er sich, weil er nicht richtig in Form sei, aber das liege an der Medizin, die er nehmen müsse.

»Ich werde langsam alt«, meint er.

Er sieht allerdings nicht besonders alt aus, und es stellt sich heraus, dass wir im selben Jahr geboren sind. So entsteht ein gewisses Zusammengehörigkeitsgefühl, das natürlich illusorisch ist, aber die Kontaktaufnahme erleichtert. Ich hatte mir die Gelbimker als eine Bande streitsüchtiger, unangenehmer Zeitgenossen vorgestellt, aber Christian Juul passt nicht in dieses Bild. Er ist ein leiser und freundlicher Mann, und als er mir von seinem Leben erzählt, glaube ich zu verstehen, warum er der gelben Seite angehört. Er ist ein Læsøit der alten Schule.

Diese Insel war immer arm, und es galt, viele Erwerbsquellen zu haben. Früher war die Strandräuberei noch die einträglichste. Jetzt ist es der Tourismus, eine fortschrittlichere Art der Räuberei. Christian Juul hat fast alles gemacht. Er hat Seegras gesammelt, mit dem Dächer gedeckt wurden, hat Krabben gefischt, Kaisergranate und Aale, war Totengräber, hat seinen Hof bewirtschaftet, Schweine gezüchtet und, zusammen mit seinen Söhnen, einen Hofladen betrieben. Außerdem haben seine Frau Amy und er jede Menge Bienen gehalten.

»Aber jetzt schaffen wir nicht mehr so viel«, sagt er.

Die Schweine sind geschlachtet, der Hofladen verkauft. Die Scheune ist voller Imkerzubehör, aber er hat nur noch wenige Völker übrig. Er öffnet einen Bienenstock mit einem Schwarm, den er gerade bei einem Nachbarn eingefangen hat. Die Bienen sind definitiv nicht besonders gelb. »So ist es eben«, sagt er, »die meisten Völker sind gemischt, aber das macht nichts. Die Hybriden sind gut in der Honigproduktion.«

Wir sitzen in der Sonne an einem Teich, den Christian Juul gegraben hat, um Fische zu halten. Als wir allmählich auf das Thema dunkle Bienen zu sprechen kommen, sagt er, dass Amy auch dabei sein und ihre Meinung sagen muss. Weil sie sich aufgrund ihrer Hautprobleme nicht in der Sonne aufhalten kann, gehen wir zu ihr hinein. Christian holt uns ein Bier, wie die Dänen es eben tun, wenn man sich zusammensetzt, und Amy erzählt, dass sie aus Kopenhagen stamme und deshalb eine breitere Perspektive habe als andere auf dieser Insel, auch was die dunklen Imker betreffe. Christian räuspert sich und sagt, die seien im Großen und Ganze nette Menschen, aber ihre Bienen möge er nicht. Sie seien nicht so reinlich wie die gelben und schafften ihre toten Kolleginnen nicht nach draußen, und besonders fleißig seien sie auch nicht. Mit ihnen könne man keine wirtschaftliche Imkerei betreiben.

Amy unterbricht ihn. »Du bist zu nett!« Es seien nicht nur die Bienen, bei denen etwas nicht stimme, sondern auch ihre Besitzer. Allein die Sache mit den fünfhundert Kronen, die man für jedes erfolgreich überwinternde Volk vom Staat bekomme, wenn die Königin sich in der reservierten Zone gepaart habe. Das sei doch ungerecht, sagt sie. Niemand kontrolliere, ob sie wirklich so viele Völker hätten, wie sie sagen, und sie wisse genau, dass da geschwindelt werde.

»Und dann versuchen sie, den Leuten noch einzureden,

Carl-Johan Junge, Vorsitzender des dunklen Imkervereins auf Læsø, hält einen Vortrag über Bienen im Allgemeinen und Læsøs Bienen im Besonderen.

dass diese dunklen Bienen etwas Besseres sind. Aber was soll an ihnen besser sein? Wenn jemand kommt und mir sagen will, was ich zu denken habe, werde ich misstrauisch. Dieser Klimawandel zum Beispiel, dass der an den Menschen liegen soll, davon glaube ich kein Wort. Das Klima auf der Welt hat sich immer verändert, und plötzlich sollen wir uns verantwortlich fühlen für das, was passiert. Mit den Bienen ist es dasselbe. Wir sollen uns schämen, weil wir keine dunklen Bienen haben wollen, aber das tun wir nicht!«

»Ihre Methoden waren nicht immer anständig«, räumt Christian ein. »Einmal haben sie versucht, mich mit Geld auf ihre Seite zu locken. Gut waren sie immer darin, sich zu profilieren und PR für ihre Sache und ihren Honig zu machen, obwohl es genau der gleiche Honig ist wie der, den man von den gelben Bienen bekommt. Es sind ja die Nektarquellen, die entscheiden, wie der Honig wird, und nicht die Bienenart.«

Der nächste Tag ist ein Sonntag, und ich nehme den Bus –
gratis hier auf Læsø! – nach Byrum, um von dort zu der Waldhütte zu gehen, an der Carl-Johan Junge seinen Vortrag halten
wird. Aber ich habe die Karte zu flüchtig studiert. Der Spa-
ziergang über einsame Pfade dauert beinahe zwei Stunden,
und ich komme gerade noch pünktlich zum Vortrag. Das Publikum besteht aus Touristen, und man merkt, dass Junge ein
routinierter Redner ist. Nachdem er den Aufbau eines Bienenvolks beschrieben hat, nimmt er eine Drohne und klemmt den
Hinterleib zusammen, sodass die Geschlechtsorgane heraus-
schauen, winzig klein und durchsichtig. Dann geht er zwischen
den Zuhörern herum und zeigt sie, obwohl sie kaum zu sehen
sind. Interessant, aber ein bisschen seltsam.

Nach dem Vortrag frage ich ihn, ob wir uns unterhalten können, aber es stellt sich heraus, dass der Vorstand des Vereins
erst ein paar Sachen besprechen muss.

Die Zuhörer machen sich auf den Weg, und bald ist es, abgesehen vom Vorstand, der sich um einen Tisch auf dem Parkplatz versammelt hat, leer an der Waldhütte. Die Bäume rau-
schen, und es ist schwül, vielleicht ist ein Gewitter im Anzug?
Es ist ernüchternd, so lange warten zu müssen, und vor allen
Dingen bin ich schrecklich durstig. Ich hatte nicht genug Wasser dabei, und jetzt suche ich nach einem Wasserhahn. Mit solchen Bequemlichkeiten ist die Waldhütte allerdings nicht aus-
gestattet. Dagegen gibt es eine Ausstellung über Bienen, die ich
ausführlich studiere. Die Zeit vergeht. Irgendwann wage ich
mich an den Tisch mit den Vorstandsherren, die alle ein Bier
in der Hand haben.

»Wir sind fast fertig«, sagt Carl-Johan Junge, »wenn Sie sich
trauen, können Sie sich gern dazusetzen.«

Und er fragt, ob ich auch gern ein Pils hätte. Aber ja. Drin-
gend!

»Obwohl… ich glaube, wir haben keines mehr«, sagt er.

Ich frage – beherrscht –, ob ich vielleicht ein bisschen Wasser bekommen könnte, und sieh an, der Schriftführer steht auf und holt eine Flasche aus seinem Auto.

Carl-Johan Junge fragt, worüber ich nun eigentlich mit ihm reden wolle. Tja, darüber, ob irgendwann zwischen den gelben und den dunklen Imkern Frieden herrschen werde.

»Nein«, sagt er entschlossen. »Die Gelben haben es uns jahrzehntelang schwer gemacht. Sie haben nicht nur juristisch, sondern auch mit allen möglichen Tricks gegen uns gearbeitet, zum Beispiel haben sie Etiketten gedruckt, die denen der Dunklen zum Verwechseln ähnlich waren. Aber bald sind sie alle tot, und darauf freue ich mich jetzt schon.«

Die anderen nicken. Ja, schon richtig, aber man müsse hoffen, dass zu den wenigen neuen Mitgliedern noch ein paar hinzukämen, damit sie die Erhaltungsarbeit fortsetzen könnten.

»Es gibt nur eine vernünftige Lösung«, sagt Carl-Johan Junge, »und zwar, dass die ganze Insel den dunklen Bienen vorbehalten bleibt. Aber darauf müssten sich alle Imker einigen, und das wird zu unseren Lebzeiten nicht passieren. Oder man braucht einen politischen Willen, aber den scheint es nicht zu geben.«

Dass man nie begreift, denke ich, als ich wieder in meinem Hotel in Vesterhavn bin, gefahren von dem netten Schriftführer, dass alles viel komplizierter ist, als man glaubt.

2016 wurde ein landesweiter Verein für Dunkle Europäische Bienen in Dänemark gegründet, sodass es nicht länger von den Læsø-Imkern abhängt, ob *Apis mellifera mellifera* in diesem Land eine Zukunft hat. Eine andere Insel, Endelave, ist vollständig für die dunkle Biene reserviert worden, und im Unterschied zu Læsø gibt es dort keine Fraktion, die auf ihrem Recht beharrt, die Bienen zu halten, die man eben halten will.

Im Höhlensystem Cuevas de la Araña bei Valencia wurde diese etwa 8000 Jahre alte Einritzung gefunden. Ein Mann oder eine Frau ist eine Strickleiter hinauf- oder auf einen Baum geklettert, um Honig von wilden Bienen zu holen.

NATÜRLICHE

ODER ARTGERECHTE IMKEREI?

Die Wald-Biene ist dank ihres freien und ungezwungenen Lebens weniger von Krankheiten und Unannehmlichkeiten betroffen als die zahme Biene.

Carl Hårleman, 1749

H EUTE WIRD OFT von natürlicher Bienenhaltung gesprochen, aber gibt es wirklich etwas, das so bezeichnet werden kann? Jede Art von Haltung ist ja eine Abweichung von der Natur. Nur wilde Bienen leben natürlich. Will man pingelig sein, gibt es keine natürliche Imkerei, sondern nur unterschiedliche Grade von Unnatürlichkeit. Oder von Naturähnlichkeit.

Aber warum sollte man sich an Worten aufhängen? »Natürliche Bienenhaltung« ist ein Sammelbegriff. Sie ist auch ein Wespennest. Das organisierte Imker-Establishment wetzt seinen Stachel, wenn solcher Humbug zur Sprache kommt, und ich schreibe dieses Kapitel mit einem gewissen Schaudern. Es besteht das Risiko, dass ich zur Zielscheibe werde, vor allem, weil ich keine Erfahrung im natürlichen Imkern habe, aber trotzdem glaube, dass dessen Methoden spannend sind und ernst genommen werden sollten. Andererseits – wenn ich über die Bienenwelt von heute schreibe, kann ich nicht so tun, als gäbe es diese Richtung nicht. Also, nur Mut, frischauf!

Die Waldimkerei oder Zeidlerei war bis ins 18. Jahrhundert bei uns weitverbreitet, in manchen Ländern noch länger, und in Baschkirien ist sie es bis heute. Man bohrte etwa sechs Meter über der Erde Aushöhlungen in Baumstämme und schloss sie mit einem Deckel, in dem ein Loch war, durch das die Bienen ein- und ausfliegen konnten. Dann wartete man entweder darauf, dass sich ein Schwarm dort niederließ, oder man brachte einen darin unter. Ist Waldimkerei natürlicher als Korbimkerei? Ja, in gewisser Weise. Können die Bienen ihren Aufenthaltsort frei wählen, lassen sie sich immer ein gutes Stück über dem Boden nieder, und die gewölbten Wände der Aushöhlungen passen besser zu ihrer Bauweise als moderne viereckige Beuten. Das Bild zeigt einen polnischen Zeidler – einen Bartnik. Heute gibt es wieder Bartniki, die ihre Kunst in Baschkirien gelernt und unter anderem auch nach Deutschland und England gebracht haben.

In der Bienenwelt von gestern, von der auch ich ein winziger Teil war, gab es nur eine Methode, Bienen zu halten. Mein Guru John Larsson stand zwar in Opposition zum Schwedischen Reichsimkerbund, aber nicht, was die Grundprinzipien der Imkerei betraf. Er lehrte mich, meine Bienen so zu behandeln, wie alle anderen es auch taten, das heißt, nach den Grundsätzen der sogenannten modernen Imkerei. Die gelten seit dem 19. Jahrhundert, in dem ein paar revolutionäre Erfindungen gemacht wurden, die nicht nur das Leben der Imker radikal verändert haben, sondern vor allem das der Bienen.

Am wichtigsten waren die neuen Magazinbeuten mit entnehmbaren viereckigen Rähmchen und gestanzten Mittelwänden, die die Bienen daran hinderten, ihre Waben frei mit unterschiedlich großen Zellen für unterschiedliche Zwecke zu bauen. Die Mittelwände sorgten dafür, dass alle Zellen gleich groß wurden. Ordnung und Struktur. Ein weiterer Vorteil der neuen Beuten war, dass sie jederzeit geöffnet und bearbeitet werden konnten – anders als die alten Bienenkörbe und die

Die revolutionäre Beute des amerikanischen Priesters Lorenzo Langstroth mit ihren entnehmbaren viereckigen Rähmchen. Ordnung und Struktur, nicht zum Nutzen der Bienen, sondern zum Nutzen des Imkers, der jetzt effektiv und in einem Maßstab arbeiten konnte, der vorher undenkbar gewesen war.

noch älteren Klotzbeuten, in denen die Bienen wirtschaften konnten, wie sie wollten, bis der Honig geerntet wurde.

Eine weitere Neuheit war die Honigschleuder, mit deren Hilfe der Honig mit maximaler Wirkung extrahiert werden konnte. Dazu kam der fallende Zuckerpreis, der es rentabel machte, den gesamten Honig zu entnehmen und durch eine Zuckerlösung zu ersetzen, von der das Bienenvolk den Winter über leben konnte. Auch die Königinnenzucht und der Handel mit Königinnen haben die Bedingungen der Imkerei verändert. Ein Bienenvolk konnte nun, bevor die Eierproduktion der alten nachließ, eine neue Königin von bester Herkunft bekommen, auf Wunsch auch befruchtet mit den gewünschten Genen.

All das zusammen sorgte dafür, dass die Imkerei in großem Maßstab betrieben werden konnte und dass Honig zu einer sehr viel einträglicheren Handelsware wurde. Weg mit Klotzbeuten und den runden geflochtenen Körben, her mit den Holzbeuten (später auch Styroporbeuten), die aus viereckigen Zargen mit Rähmchen bestehen, die, falls mehr Platz benötigt wurde, übereinandergestapelt oder auch anders erweitert werden konnten. Das Zubehör wurde immer weiter modernisiert, und immer mehr Werkzeuge sind dazugekommen, aber eine größere Veränderung der Imkerei hat seitdem nicht mehr stattgefunden, außer auf einem Gebiet: Es gibt jetzt jede Menge Gifte, um Krankheiten und Parasiten zu bekämpfen, Plagen, die bedeutend häufiger auftreten als früher.

Aber nicht alle sind auf den Zug aufgesprungen. Warnende Stimmen beklagten, dass nicht mehr genug Rücksicht auf die eigenen Bedürfnisse und Instinkte der Bienen genommen werde. Lars Clementz Svensson in Vallkärra setzte sich für etwas ein, das er natürliche, rationelle Imkerei nannte: »Dieses besinnungslose Auseinandernehmen und Herumstochern bei den Bienenvölkern wird nicht ungestraft bleiben. Die Biene folgt und muss den Gesetzen folgen, die die Natur und eine lange Erfahrung in ihr Bewusstsein eingeritzt haben.«

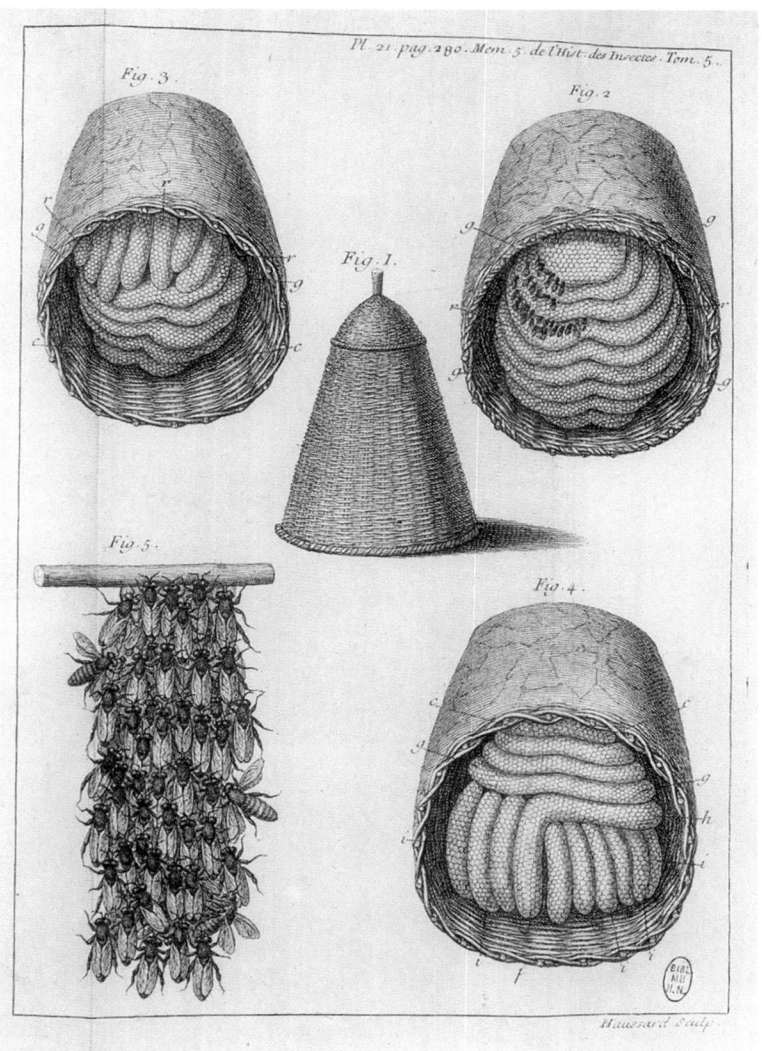

Für die Bienen ist es natürlich, ihre Waben in einem runden Raum zu bauen,
etwa in einem ausgehöhlten Baum. Das konnten sie auch in den alten geflochtenen
Bienenkörben. Keine Behausung glich der anderen, aber keine war jemals viereckig.
Die Bienen unten links haben gerade begonnen, eine Wabe zu bauen, die an einem
Zweig ganz oben im Korb befestigt ist. Aus Réaumurs Mémoires pour servir à
l'histoire des insectes.

Ein Imkertreffen in Hallsberg 1909. Vielleicht diskutierten die feierlich gekleideten Herren die Vor- und Nachteile der modernen Magazinbeuten im Vergleich zu den alten Bienenkörben.

Aber es dauerte, bis alle Imker von der Vortrefflichkeit der Magazinbeute überzeugt waren. Das Bild ist um 1930 in Bohuslän aufgenommen worden.

Solche Einwände waren jedoch selten und verschwanden bald ganz aus der Debatte. Die Imkerei in Schweden wurde während des größten Teils des 20. Jahrhunderts vom Reichsimkerverband dominiert, in dem das Moderne, das rationelle Imkern, überwog. Suchte man die Begegnung mit einer anderen Denkweise, musste man schon ins Ausland gehen.

Der österreichische Priester Johann Thür beschrieb 1946, von welch zentraler Bedeutung die Luft in einer natürlichen Beute mit ihrer speziellen Wärme und ihrem wunderbaren Duft für das Wohlergehen der Bienen ist, nicht zuletzt, weil sie den schädlichen Bakterien und anderen unwillkommenen Dingen entgegenwirkt. Öffnet man den Bienenstock und nimmt die Rähmchen heraus, verschwindet die Nestduftwärme und die Bienen müssen viel Energie aufwenden, um sie wiederherzustellen.

Der Franzose Émile Warré (1867–1951) – ein weiterer Priester – probierte über dreihundert Beutenmodelle aus, bevor er ein eigenes konstruierte, *La ruche populaire* (die Volksbeute). Auch für ihn war die Nestduftwärme entscheidend, und deshalb wird seine Beute so selten wie möglich geöffnet. Er betonte auch, dass Imker nicht gezwungen sein sollten, in teure Ausrüstung zu investieren. Alle sollten sich Bienen leisten können, alle sollten Bienen besitzen. Wie unzählige Priester vor ihm verwies er auf die nützliche Wirkung der Bienen auf die Moral. Sie zeigten, wie wichtig Arbeit, Ordnung und Hingabe an das Gemeinwohl seien, und hielten darüber hinaus den Imker von Schankstuben und anderen Verderbnissen fern, nicht zuletzt von dem modernen Sport mit all seinen Ausschweifungen. Aber bis zum Ende des 20. Jahrhunderts waren es in diesem Land nur anthroposophische Kreise, die in Steiners Nachfolge meinten, die Methoden, die einer maximalen Honigproduktion dienten, seien nicht gut für die Gesundheit der Bienen.

Mehr Zulauf bekamen die alternativen Methoden, als die Zahl der alarmierenden Berichte zunahm, denen zufolge das Überleben der Bienen bedroht sei. Vielleicht lag es nicht nur

Von links: Eine Magazinbeute, heutzutage ein gängiges Modell, eine Warrébeute und ein Top-bar hive. *Neue Zargen werden bei der Magazinbeute von oben hinzugefügt, bei der Warrébeute von unten.*

an den Giften, den Monokulturen der Landwirtschaft und der Varroamilbe, dass die Bienen litten, sondern auch an der modernen Imkerei?

In rascher Folge tauchten jetzt immer neue Modelle von Bienenbeuten auf, von denen viele im Grunde uralt waren. Ein junger und forscher Pole, Piotr Piłasiewicz, begab sich nach Baschkirien, wo man die Bienen immer noch in hohlen oder ausgehöhlten Baumstämmen hielt, und führte die Zeidlerei in seinem Heimatland wieder ein. Von dort hat sie sich unter anderem nach Deutschland und Großbritannien weiterverbreitet, wo es mittlerweile Kurse im Aushöhlen von Baumstämmen gibt. In der Natur kommen ausgehöhlte Bäume ja kaum noch vor. In den südfranzösischen Cevennen ist die Tradition von Klotzbeuten aus ausgehöhlten Edelkastanien wiederbelebt worden, in der Lüneburger Heide die der charakteristischen Stülper aus Roggenstroh.

Warrés Volksbeute wurde auf Englisch mit dem Buch *Natural Beekeeping with the Warré Hive* von David Heaf eingeführt und avancierte danach zu einer Art Kultbeute auch außerhalb des französischen Sprachraums. Noch populärer wurde der horizontale *Top-bar hive*, ein Modell, das bereits die alten Griechen benutzt haben. Es wurde in afrikanischen Ländern wiederentdeckt, wo man Beuten brauchte, die billig zu bauen und leicht zu benutzen waren. *Top-bar hives* haben nur ein Stockwerk und Leisten, an denen die Bienen ihre selbstgebauten Waben aufhängen können.

Mit Philip Chandlers *The Barefoot Beekeeper* wurde der *Top-bar hive* auch zum Favoriten moderner englischer Imker, die ein paar leicht zu pflegende Bienenstöcke im Garten haben wollten – zur Bestäubung, für ein wenig Honig zum eigenen Gebrauch und zum Vergnügen. Als schließlich die bekannte Gartenjournalistin Alys Fowler sich einen *Top-bar hive* anschaffte, ein Buch darüber schrieb und ihn im Fernsehen zeigte, war sein Erfolg nicht mehr aufzuhalten. Mittlerweile gibt es ihn sogar in Schweden.

Eine ganz besondere Beute ist der Weißenseifener Hängekorb des deutschen anthroposophischen Bildhauers Günter Mancke, besser bekannt als *The Sun Hive*. Mancke kam auf die Idee, als er den Wachsbau verwilderter Honigbienen studierte. Der Bau ist eiförmig und besteht aus zwei Strohkörben mit einer Holzscheibe in der Mitte; zudem ist er mit Kuhdung (biologisch-dynamisch natürlich) versiegelt, was ihn im Sommer dicht und kühl und im Winter warm macht. Er soll mindestens zwei Meter hoch in der Luft hängen, weil die Bienen sich immer Behausungen ein Stück über dem Boden suchen.

Aber es geht bei der alternativen Imkerei nicht nur um Beutenmodelle. Man kann in einer ganz gewöhnlichen Maga-

Ein ganz neues Modell: der elliptische Weißenseifener Hängekorb, inspiriert von den Wachsbauten wilder Bienen. Kann zur Isolierung mit Kuhdung eingerieben werden.

zinbeute artgerecht imkern und in einer *Top-bar hive* konventionell. Noch wichtiger ist die Art und Weise, wie die Bienen behandelt werden. Der am härtesten umkämpfte Streitpunkt ist die Winterfütterung. Alternative Imker lassen ihre Bienen mit dem eigenen Honig überwintern, am liebsten ausschließlich, aber oft auch mit untergemischtem Zucker. Wenn die Bienen seit den Zeiten der Dinosaurier damit gut zurechtgekommen sind, sollten sie es heutzutage auch tun, zumal der Honig Stoffe enthält, die einen natürlichen Schutz gegen unerwünschte Mikroorganismen und Krankheiten bieten.

Solche Behauptungen werden vom Imker-Establishment empört zurückgewiesen. Behauptungen ohne wissenschaftliche Begründung, falsche Informationen! Forschung und zuverlässige Erfahrungen zeigen, dass gewöhnlicher Zucker erstklassiges Winterfutter ist, während Honig sogar schädlich sein kann! Warum dieser Aufruhr? Die Antwort gab bereits 1907 J. Enelund aus Hjälstaby in einem Leserbrief an die *Bitidningen*.

>> Die Erfahrung zeigt, dass Zucker ein hervorragendes Winterfutter für die Bienen ist. Wird er auf die richtige Weise und zur rechten Zeit

gegeben, bleibt er in den Waben flüssig und für die Bienen genießbar, was bei Honig nicht immer der Fall ist... Und weil Zucker sehr viel billiger ist, gibt es einen direkten pekuniären Gewinn, wenn man den Honig durch Zucker ersetzt. **«**

So krass drückt man sich heute nicht aus, aber selbstverständlich wollen nicht alle Imker auf den Großteil der etwa zwanzig Kilo Honig verzichten, die ein Bienenvolk bis zum Winter angesammelt hat.

Weitere Auseinandersetzungen kreisen um fertig gekaufte Mittelwände aus Wachs oder Plastik, den Import von Bienen und die Königinnenzüchterei. Ja, sagt der eine – raten Sie mal, wer –, Nein der andere. Aber an einem Punkt unterscheiden sich die natürlichen Imker nicht von den anderen: Sie bilden Fraktionen in den eigenen Reihen. Das am besten organisierte Lager sind die anthroposophisch Orientierten. Der freimütige Philip Chandler aus der *Top-bar-hive*-Ecke dagegen hat für Steiners Gedankengebäude nichts übrig.

» Ganz erstaunlich ist es, wenn manche Leute mystische ›Erklärungen‹ zusammenbrauen, die ausschließlich aus der eigenen Einbildung stammen, und sie als wissenschaftlich erwiesen präsentieren. Der mutmaßlich schwerste Sünder unter ihnen war in modernen Zeiten Rudolf Steiner, dessen Fantasien über die Bienen nicht das Geringste mit der beobachtbaren Wirklichkeit zu tun haben, von seinen treuen Jüngern aber als heilige Schrift betrachtet werden und somit niemals infrage gestellt werden dürfen. **«**

Einige wenige von Steiners Behauptungen stimmten allerdings doch mit der Wirklichkeit überein, räumt Chandler ein, und sollten deshalb beachtet werden. Das gelte vor allem für den Hinweis, dass die Bienen nicht zur Überproduktion angetrieben werden sollten.

Chandler leugnet auch nicht, dass die Imkerei eine geistige

VIVECA, WARRÉ-IMKERIN

Damit die Bienen möglichst wenig Stress haben, öffnet Viveca Nilsenius ihre
Bienenstöcke, wenn im Frühling eventuell übrig gebliebener Honig geerntet werden
soll, oben. Keine Sommerernte also. Neue Zargen mit Leisten, an denen die Bienen
ihre Waben befestigen können, werden von unten hinzugefügt. Auf diese Weise
behalten sie die wichtige Nestduftwärme, und die Bienen können von oben nach
unten bauen, wie es für sie natürlich ist. Hier zieht Viveca einen Boden ganz unten
in einem Bienenstock heraus, um zu sehen, wie es den Bienen geht. Sind tote Bienen
dabei? Oder Varroamilben?

Dimension hat. Er selbst erlebe, wenn er mit seinen Bienen
zusammen sei, Augenblicke eines inneren Friedens und ein
Sein im Hier und Jetzt, wie er sie sonst nur von der Meditation
kenne. »Dieses Gefühl der Zeitlosigkeit zusammen mit einem
wilden Tier erleben zu dürfen, das viele Millionen Jahre älter
ist als wir, ist ein wahres Privileg.«

Viveca Nilsenius ist eine von Schwedens wenigen Imkerinnen –
oder Bienenhüterin, wie sie sich selbst nennt –, die Warrébeu-
ten benutzen. Sie hatte erwerbsmäßig in großem Maßstab in
Styroporbeuten geimkert, bis sie eines Tages im Internet auf
eines von David Heafs Büchern über das Warré-Imkern stieß.
Das hat sie dazu gebracht, ihre Herangehensweise zu ändern.

EMMA UND JÖRN IMKERN MIT DEM *TOP-BAR HIVE*

Lea, 6 Jahre, beobachtet, wie ihre Eltern Emma Svensson und Jörn Cordes an einem ihrer Bienenstöcke arbeiten. Es kann vorkommen, dass man als realitäts-ferner Romantiker betrachtet wird, wenn man mit Top-bar hives imkert, aber das ist Emma und Jörn egal. Ihre Bienenstöcke sind ideal, wenn man die Bienen vor allem zum Bestäuben hält.

Als wir uns das erste Mal trafen, lebte sie auf Gotland und betreute fünfundfünfzig Bienenstöcke, die sie selbst gebaut hatte. Früher war sie Mitglied im lokalen Imkerverein gewesen, doch nach einer Versammlung, in der sie wegen ihrer Methoden hart angegangen worden war, hatte sie ihn verlassen. Am schlimmsten sei gewesen, dass sie ihre Bienen mit dem eigenen Honig überwintern ließ und erst im Frühling erntete, was übrig geblieben war.

»Niemand hat mir zur Seite gestanden, obwohl mir nachher ein paar Mitglieder anvertraut haben, dass sie interessant fanden, was ich ausprobierte.«

Aber es war nicht nur ihre Art, den Honig zu ernten, die ihre Kollegen irritierte, sondern auch, dass sie zuließ, dass die Bienen – und damit ihr ganzer Betrieb – sich durch Schwärmen vermehrten. Sie tauschte also keine alten Königinnen gegen neue aus, die von passenden Kavalieren mit den richtigen Genen befruchtet worden waren, sondern ließ die Jung-frauköniginnen frei herumfliegen und sich mit den Drohnen der Gegend paaren.

»Ich glaube an die Vermischung der Bienen«, sagte sie. »Sie sorgt für eine größere genetische Breite und gesündere Bienen.«

Nicht nur in Schweden können Warré-Imker auf Unver-ständnis stoßen. Von britischen Warréanern hört man eben-falls, dass sie verhöhnt und lächerlich gemacht worden seien, aber sie sagen auch, das ändere sich langsam. Immer mehr konventionelle Imker stellen fest, dass nicht alles, was die Alter-nativen sagen und tun, lächerlich ist.

Mittlerweile wohnt Viveca auf der Bjäre-Halbinsel, wo sie eine neue Warré-Imkerei aufbaut und Kurse anbietet. Auch sie be-obachtet, dass das Interesse an der alternativen Imkerei wächst, wenn auch in Schweden langsamer als in Großbritannien.

Emma Svensson und Jörn Cordes sind selbstversorgende Landwirte in Bungemåla im südwestlichen Småland. Um die Bestäubung ihrer Feldfrüchte und der wilden Beeren zu ver-bessern, beschlossen sie, sich Bienen anzuschaffen. Dass sie *Top-bar hives* wählten, lag daran, dass sie ein Buch von Philip Chandler gelesen hatten. Sie hatten die perfekte Arbeitshöhe und man musste keine schweren Zargen, Rähmchen und sons-tigen Werkzeuge herumschleppen.

Nachdem sie einen Intensivkurs bei Patrick Sellman absol-viert hatten, der den *Top-bar hive* in Schweden populär ge-macht hat, kauften sie drei Bausätze. Als die Beuten fertig waren, durften die Bienen einziehen. Buckfast-Bienen.

Als ich sie besuche, ist seitdem ein Jahr vergangen. Alles hat gut funktioniert, und nettere Bienen als ihre kann man sich gar nicht vorstellen. Man kann sie anstupsen, ohne dass sie sich da-von stören lassen.

Sie haben auch keine Bürste wie andere Imker, um die Bie-nen von der Wabe zu streichen. Stattdessen verwenden sie eine

PETER UND ÅSA, BIOLOGISCH-DYNAMISCHE IMKER
Die meisten von Peter und Åsa Vingeskölds Bienenstöcken sind mit Rähmchen bestückt, an denen die Bienen ihre Waben ohne Mittelwände frei bauen können, aber sie haben auch ein paar Top-bar hives, *aus denen Åsa eine Leiste mit Wabe entnommen hat. Peter hält ein Rähmchen in den Händen, das sich gerade füllt.*

Gänsefeder, an der die Bienen nicht hängen bleiben. Sie kontrollieren regelmäßig, ob Varroamilben da sind, aber glücklicherweise haben sie bislang nur so kleine Mengen gefunden, dass sie die Bienenstöcke nicht behandeln müssen. »Wenn man sie regelmäßig behandelt, gibt es keine natürliche Auswahl«, sagen sie, »und es besteht das Risiko, dass man die Völker schwächt, weil die Varroabehandlungen so belastend sind.«

Zum Kaffee serviert Jörn eine duftende Wabe mit rinnendem frischen Honig direkt aus dem Bienenstock. Man kaut auf einem Stück herum und spuckt das Wachs aus. Lecker!

Peter Vingesköld, der zusammen mit Anette Dieng das *Handbok i naturlig biodling* (Handbuch der natürlichen Imkerei) verfasst hat, das erste schwedische Buch zum Thema, hat viel Erfahrung in verschiedenen Haltungsformen gesammelt. Zwanzig Jahre lang hat er erwerbsmäßig in großem Maßstab geimkert. Dann wechselte er zur ökologischen Imkerei und wurde nach den Regeln des schwedischen Öko-Labels KRAV zertifiziert, die unter anderem besagen, dass Nektar- und Pollenquellen in bis zu drei Kilometer Abstand mehrheitlich ebenfalls KRAV-zertifiziert, ökologisch nach EU-Richtlinien oder natürlich sein müssen. Nachdem er allerdings einen Kurs für biologisch-dynamischen Anbau besucht hatte, stellte Peter sich noch einmal um und zog von Gnesta nach Gotland. Er ist der einzige Imker in Schweden, der ein Demeter-Zertifikat (S. 134) bekommen hat.

Von seinem Buch berichtet er, dass es in der *Bitidningen* total verrissen worden sei, vor allem, weil er von der Zuckerfütterung Abstand genommen habe. »Aber wenn ich in Imkervereinen Vorträge halte, bekomme ich sehr viele Rückmeldungen von Frauen und jungen Männern.«

Älteren Männern fällt es anscheinend schwerer, sich mit seinen Ansichten anzufreunden. Sie füttern ihre Bienen seit Jahrzehnten mit Zucker, ohne dass sie dadurch Schaden genommen hätten. Ganz im Gegenteil, es gehe ihnen ausgezeichnet, sagen sie. Die Fähigkeit der Bienen, Nektar in Honig zu verwandeln, sorge auch dafür, dass sie Zucker in Frucht- und Traubenzucker aufspalten könnten, dieselben Zucker, die es im Honig gebe. Eine Honigdiät könne dagegen dazu führen, dass die Bienen Durchfall bekämen, besonders, wenn es sich um Heide- und Blatthonig handele, die sehr viele Ballaststoffe enthielten.

Dazu sagt Peter, der Honig habe sich doch in der gemeinsamen Evolution der Bienen und der Pflanzen im Laufe von vierzig Millionen Jahren entwickelt und müsse schon allein deshalb das beste Futter für die Bienen sein. Außerdem habe die Forschung gezeigt, dass Zucker mehr als zweihundert Gene der Bienen ausschalten, die für die Abwehrkräfte wichtig seien.

Oben: Was für eine Zusammenarbeit, wenn in einem Top-bar hive eine neue Wabe entsteht!

Unten: In dem beinahe fertigen Resultat sieht man die bedeckten Honigzellen ganz oben. Eine begonnene Weiselzelle sticht an der linken Seite der rechten Hälfte heraus, Pollen befindet sich in den dunklen Zellen, die vorher Larven beinhaltet haben.

Zwei Imker fangen in einem Baum einen Schwarm, um ihn in einen Bienenstock zu bringen, während zwei andere einen Bienenstock öffnen, der an einem Baum aufgehängt ist. Der Text preist die jungfräulichen Bienen, ihr Wachs und den Honig. Buchmalerei aus der Barberini-Exultetrolle, Mitte des 11. Jahrhunderts.

NACHWORT

VIELE BÜCHER haben ein natürliches Ende, dieses
dagegen schien eine Zeit lang überhaupt nicht fertig werden zu wollen. Es gab ja noch so viel mehr,
über das man schreiben konnte! Ich wollte nach
Polen reisen und den Zeidler besuchen. Ich wollte nach Litauen
reisen, wo alte Traditionen der Bienenhaltung länger überlebt
haben als in anderen europäischen Ländern, und nach Slowenien, wo die Imkerei »die Poesie der Landwirtschaft« genannt
wird. Ich wollte Imker interviewen, die nicht gegen die Varroamilbe behandeln, damit die Bienen eine natürliche Resistenz
entwickeln. Es gab unendlich viele Dinge, die mir noch wichtig erschienen.

Aber manchmal geschehen Dinge, die dafür sorgen, dass
große Entscheidungen einfach fallen. Die Idee zu diesem Buch
kam mir nämlich, als mich vor vielen Jahren John und Inga
Larssons Enkelin Anneli besuchte und von den vielen spannenden Dingen erzählte, die sie bei ihren Großeltern erlebt hatte.
Und dass es an der Zeit war, endgültig einen Punkt zu setzen,
begriff ich, als sehr viel später Helena, eine andere Enkelin, mit
ihrem Vater Bo zu mir kam. Auf diese Weise rahmte die Familie
Larsson das Bienenbuchprojekt ein, und das fühlte sich vollkommen richtig an.

Hätte ich John und Inga nicht getroffen, wäre ich ja niemals
Imkerin geworden und hätte dieses Buch gar nicht schreiben

Episode du bal costumé donné par S. M. l'impératrice (ballet des abeilles, l'arrivée des ruches).

Das Ballett der Bienen, eine Szene auf einem Maskenball, den Kaiserin Eugenie 1863 gab.
Die Bienenkörbe treffen ein, und die Königinnen schauen heraus. Illustration aus Le Monde.

können. Und hätte ich es nicht geschrieben, wäre mir niemals aufgegangen, wie dicht das Leben der Honigbiene und das des Menschen in allen Zeiten miteinander verwoben waren und wie grundlegend die technische Entwicklung die Imkerei in den letzten hundertfünfzig Jahren verändert hat. Ich hätte auch nicht verstanden, wie mächtig die wirtschaftlichen Interessen sind, die das Überleben der Bienen und der anderen Bestäuber bedrohen, und wie unheilverkündend es war, dass der Chemieriese Bayer 2018 Monsanto, einen anderen Giftriesen, übernahm.

Ich hätte auch nicht das Glück gehabt, die großartigen alten Bienenbücher zu entdecken. Und ich hätte all die spannenden Bienenmenschen nicht kennengelernt, denen ich über die Jahre begegnet bin, unter ihnen auch Marie Hannerstig, die an der Vårfru-Schule in Lund lebende Bienen im Unterricht eingeführt hat, oder Robert Halling in Blentarp. Bei ihm sah ich zum ersten Mal Waben, die die Bienen ganz frei, ohne vorgestanzte Mittelwände, konstruiert hatten, ein Erlebnis, das meine Sicht auf die Bienen und die Imkerei deutlich geprägt hat. Und ich wäre nicht nach Læsø gekommen.

Ein großer Dank geht an alle, die mir während der Jahre, die ich an dem Buch gearbeitet habe, geholfen und mich inspiriert und ermutigt haben.

Zur Autorin

Die schwedische Journalistin und Buchautorin Lotte Möller hat mehrere Bücher zum Thema Natur und Garten verfasst. Sie wurde u. a. mit dem Linné-Preis und mit der Verdienstmedaille der Königlichen Patriotischen Gesellschaft ausgezeichnet. Inspiriert wurde sie zu diesem Buch durch die Bienenstöcke in ihrem Garten im südschwedischen Lund.

Bienenmuseen

Belgien

Le Musée du Miel, Lobbes, Halinaut

Musée de l'Abeille, Esneux, Liège

Bijenteeltmuseum, Kalmthout, Antwerpen

Deutschland

Bienenmuseum, Moorrege, Schleswig-Holstein

Deutsches Bienenmuseum, Weimar

Bienenmuseum, Duisburg

Lebendiges Bienenmuseum, Knüllwald, Hessen

Zeidel-Museum, Feucht, Bayern (Dieses Museum ist in erster Linie digital
und handelt von der Zeidlerei)

Bienenkundemuseum, Münstertal, Schwarzwald

England

The Hive, Kew Gardens, London

Bee & Heritage Centre Samlesbury Hall, Samlesbury, Preston, Lancashire

Frankreich

Le Musée du Miel, A Moure, Gramont, Gascogne

Musée Vivant de l'Apiculture, La Cassine, Château-Renard, Loiret

Le Musée de l'Abeille Vivante et la Cité des Fourmis, Kercadoret,
Le Faouët, Bretagne

Apiland Nature, Rousset, Bouches-du-Rhône

Griechenland

ΜΟΥΣΕΙΟ ΜΕΛΙΣΣΑΣ (Bienenmuseum), Pastida, Rhodos

Italien

Mulino Museo dell'Ape, Croviana, Trentino

Museo del Miele di Lavarone, Trentino

Museo di Apicoltura, Guido Fregonese, Oderzo, Veneto

Casa Museo dell' Apicoltura Tradizionale, Sortino, Sizilien

Litauen

Senovinės bitininkystės muziejus, Stripeikiai (Litauisches Museum der
historischen Imkerei), Ignalina

Slowenien

Cebelarski muzej (Imkereimuseum), Radovljica

Spanien
Casa-museo de Apicultura Ezkurdi, Eltso, Navarra
Museo de la Miel, Málaga
Museo de la Miel y las Abejas Rancho Cortesano, Jerez de la Frontera,
  Andalusien

Honigläden

Deutschland
Honig Müngersdorff, Köln
England
The Hive Honey Shop, London
Frankreich
La Maison du Miel, Paris
Le comptoir du Miel, Paris. Filialen in Lyon und Morzine, Haute-Savoie
Rucher de la Bouverie, Roquebrune-sur-Argens, Provence
Italien
La Casa del Miele di Simona Fregoni, Mailand
Spanien
El Colmenero, Madrid
La Casa de la Miel, Madrid
La Casa de Miel, Santa Cruz de Tenerife

Literatur

Andersson, Lars, *Bikungskupan*. Författarförlaget, Södertälje 1982

Bergius, Bengt, *Tal om läckerheter, både i sig själva sådana och för sådana ansedda genom Folkslags bruk och inbillning*. Natur och Kultur, Stockholm 1960 (dt.: Bergius, Bengt, *Über die Leckereyen*. 2 Bde., Halle 1792)

Birchall, Elizabeth, *In Praise of Bees, a Cabinet of Curiosities*. Quiller Publishing, Shrewsbury 2014

Bonsels, Waldemar, *Die Biene Maja und ihre Abenteuer*. Arena Verlag, Würzburg 2005

Butler, Charles, *The Feminine Monarchy, or the Historie of Bees*. London 1623 (Faksimileausgabe, Northern BeeBooks 2010)

Chandler, Philip, *The Barefoot Beekeeper*. www.bicbees.com. 2010

Chandler, Philip, *A philosophy of natural beekeeping*. Off The Bookshelf Edition, 2012

Clementz, L. J. Svensson, *En bok om bien och naturenligt rationell biodling*. Eigenverlag, Vallkärra 1902

Crane, Eva, *The Archeology of Beekeeping*. Duckworth, London 1983

Crane, Eva, *A Book of Honey*. Oxford University Press, Oxford 1980

Digges, Joseph Garvan, *The Irish Bee Guide*. Leitrim 1904

Dutli, Ralph, *Das Lied vom Honig – Eine Kulturgeschichte der Biene*. Wallstein Verlag, Göttingen 2012

Fischerström, Johan, *Nya swenska economiske dictionnairen eller försök til et allmänt och fullständigt lexicon, i swenska hushållningen och naturläran*. Band 1. Stockholm 1780

Fleischer, Esaias, *Udførlig Afhandling Om Bier, og en for Dannemark och Norge Nyttig Bi-Avls Anlæg*. Kopenhagen 1777 (Nabu Public Domain Reprint)

Gerner, P. Joh., *Handbok i rationell biskötsel*. Lund 1881

Hallgren, Bengt, *Farfars honung*. NWT:s förlag, Karlstad 1969

Hansson, Åke, *Bin och biodling*. LT:s förlag, Stockholm 1980

Hansson, Åke, *Biodlingens grunder*. LT:s förlag, Stockholm 1975

Hansson, Åke (Hrsg.), *Svensk Biodling*. Orbis, Uppsala 1952

Hårleman, Carl, *Dag-bok öfwer en ifrån Stockholm igenom åtskillige rikets landskaper gjord resa, år 1749*. Stockholm 1749

Herwigk, Hans, *En nyttig bog om bier*. Kopenhagen 1649

Hughes, Anne, *The Diary of a Farmer's Wife 1796–1797*. Penguin, London 1981

Imhoof, Markus & Lieckfeld, Claus-Peter, *More Than Honey. Vom Leben und Überleben der Bienen*. Orange-press, Freiburg im Breisgau 2012

Jones, Richard & Sweeney-Lynch, Sharon (Hrsg.), *Collins Beekeeper's Bible*. HarperCollins, London 2010

Keys, John, *The Practical Bee-Master*. London 1780

Koch, Nils, *Swenska Bi-Skiötslen, upalstrad och efter mångfaldige rön samt enskildte kostsamma försök till fäderneslandets otroliga förmon*. Stockholm 1753

Lagerlöf, Selma, *Die Saga von Gösta Berling*. Übersetzt von Paul Berf. Die Andere Bibliothek, Berlin 2015

Laurel, Lars, *Den allmänna bi-skötslen äfter förfarenhet och försök i årdning ställd*. C.G. Berling, Lund 1771

Linnæus, Samuel, *Kort, men tillförlitelig Bij-Skjötsel, på egen förfarenhet och anställte försök, efter bijens egentliga natur och egenskaper, grundad och inrättad, samt till allmänhetens tjenst och nytta, på mångas åstundan och anmodan*. Växjö 1768 (Faksimileausgabe, Rediviva, Stockholm 1975)

Ljungström, J. Alb., *Handbok i biskötsel i såväl halm-som ramkupor*. Albert Bonniers förlag, Stockholm 1913

Lönnroth, Elias, *Kalewala*. Übersetzt von Gisbert Jänicke. Jung und Jung, Salzburg und Wien 2011

Lundblom, Artur, *Honungsbiet i saga och sanning*. Natur och Kultur, Stockholm 1959

Lundgren, Alexander & Notini, Gösta, *Boken om bina*. Albert Bonniers förlag, Stockholm 1943

Maeterlinck, Maurice, *Das Leben der Bienen*. Übersetzt von Friedrich von Oppeln-Bronikowski. Unionsverlag, Zürich 2011

Marchese, Marina & Flottum, Kim, *The Honey Connoisseur*. Black Dog & Leventhal Publishers, New York 2013

Mattson, Carl Otto, *Bin till nytta och nöje*. Art & Copy Produktion, 2009

Milton, John, *The Practical Bee-Keeper*. London 1843

Natt och Dag, Gustaf, *Hufvud-Grunderne i Biskötslen för Enfaldige Landtmän*. Stockholm 1784

Nielsen, Jørgen Steen, *Moderne Idéer: Hvad skal vi med landbruget?*. Information, Kopenhagen 2016

Norén, Lars, *Die Bienenväter*. Übersetzt von Dorothea Bjevenstam. Suhrkamp, Frankfurt a. M. 1973

Nutt, Thomas, *Humanity to Honey-Bees*. Wisbeach, H & J Leach, London 1832

Olaus Magnus, *Historia de gentibus septentrionalibus*, Rom 1555

Petterson, Joachim, *Bisyssla*. Bonnier Fakta, Stockholm 2015

Preston, Claire, *Bee*. Reaktion Books, London 2006

Ramirez, Juan Antonio, *The Beehive Metaphor From Gaudi to Le Corbusier*. Reaktion Books, London 2000

Ransome, Hilda M., *The Sacred Bee*. Dover Publications, New York 2004 (Reprint von 1937)

de Réaumur, René, *Memoires pour servir à l'histoire des insectes*. Band 5. Paris 1740

Rothman, Theodor Wolther, *Handledning wid bi-skötseln, ärnad til den okunnige bi-skötarens nytta*. Stockholm 1800

Scharp, Dag W., *Stora Biboken*. Bengt Forsbergs förlag, Malmö 1966

Seeley, Thomas D., *Honeybee Democracy*. Princeton University Press, Princeton & Oxford 2010

Seneca, Lucius Annaeus, *De clementia*. In: *Philosophische Schriften*, Bd. 5. WBG, Darmstadt 1989

Steiner, Rudolf, *Über das Wesen der Bienen: 9 Vorträge, Dornach 1923, verschiedene Vortragsauszüge und Fragenbeantwortungen*. Dornach, Rudolf Steiner Verlag 1988

Stenberg, Birgitta, *Allt möjligt om bin*. ICA, Västerås 2005

Swammerdam, Jan, *Historia insectorum generalis*. Utrecht 1669

Tavoillot, Pierre-Henri & François, *L'abeille (et le) philosophe*. Odile Jacob, Paris 2015

Triewald, Mårten, *Nödig tractat om bij*. Gedruckt von Andr. Björkman, Stockholm 1728

Trotzelius, Clas B., *Afhandling om skånska biskötslen*. Lund 1759

Vergil, *Georgica – Vom Landbau*. Übersetzt von Otto Schönberger. Reclam, Stuttgart 2010

Vingesköld, Peter & Dieng, Anette, *Handbok i naturlig biodling*. Natur och Kultur, Stockholm 2016

Westberg, Sigurd (Hrsg.), *Boken om bina*. Albert Bonniers förlag, Stockholm 1943

Wilson, Bee, *The Hive – The Story of the Honeybee and Us*. John Murray Publications, London 2004

Register

Bildnachweis

119 Heather Bees V © Laney Birkhead

120 Alessandro Cristiano/iStockphoto

122 Fotos: © Lotte Möller

126 Line drawing © E. H. Shepard, Reproduced with permission from Curtis Brown Group Ltd. London, on behalf of The Shepard Trust, and Anoukh Foerg Literary Agency, Munich.

128 (oben) Aus *The ABC of Bee Culture* von A. I. Root

128 (unten) Bohusläns Museum

131 Fotos: Wolfgang G. Vögele

132 NZ Museums

135 bpk/Stiftung Museum Schloss Moyland/Ute Klophaus

136 Relief an der Kirche St. Peter am Wimberg

138 Foto: © Lotte Möller

139 Wikimedia Commons

142 Wikipedia

148 © 2018 Photo Josse/Scala, Florence

151 © Tom Gruat

154 Liebieghaus, Frankfurt am Main

156 (oben) Foto: © Lotte Möller

156 (unten) Foto: Uppvidinge biodlar-förening

158 Anders Flood/Västergötlands Museum

163 Aus *The Honey Connoisseur*, Black Dog & Leventhal Publishers Inc

164 Musée des HCL, Aurélie Troccon et Manon Mauguin

165 Jens Östman/KB Bohuslans Museum

170 BnF Gallica

172 Paul Sandberg, Upplandsmuseet

174 Foto: © Lotte Möller

178 Patricia Phillips/Alamy Stock Photo

180 Wikimedia Commons

185 http://brunbi.dk/fredning

186, 189 Fotos: © Lotte Möller

192 Cuevas de la Araña, Valencia, España

194 Aus *Encyklopedia staropolska ilustrowana*, tr. 1900, vol. 1, S. 122. (Z. Gloger)

195 Aus *The Hive and the Honey Bee* von Lorenzo Langstroth, Courtesy The Walter Havinghurst Special Collections Library

197 Bibliothèque Nationale de France

198 (oben) Samuel Lindskog/Örebroläns Museum

198 (unten) *En biodlare*, Gustav Johansson, St. Anrås (Fossemyr), Bohusläns Museum

200 The Wasatch Beekeeping Association; Sveriges Biodlares Riksförbund

202, 204, 205, 207, 209 Natural Beekeeping Trust

210 Biblioteca Vaticana Cod. Barb. Lat. 592

212 Bibliothèque Nationale de France

Der Verlag hat sich bemüht, alle Rechteinhaber ausfindig zu machen, verlagsüblich zu nennen und zu honorieren. Sollte uns dies im Einzelfall aufgrund des Zeitablaufs und der schlechten Quellenlage bedauerlicherweise einmal nicht möglich gewesen sein, werden wir begründete Ansprüche selbstverständlich erfüllen.